我的第一本生物启蒙书

升级篇

冰河　编著

中国和平出版社
China Peace Publishing House

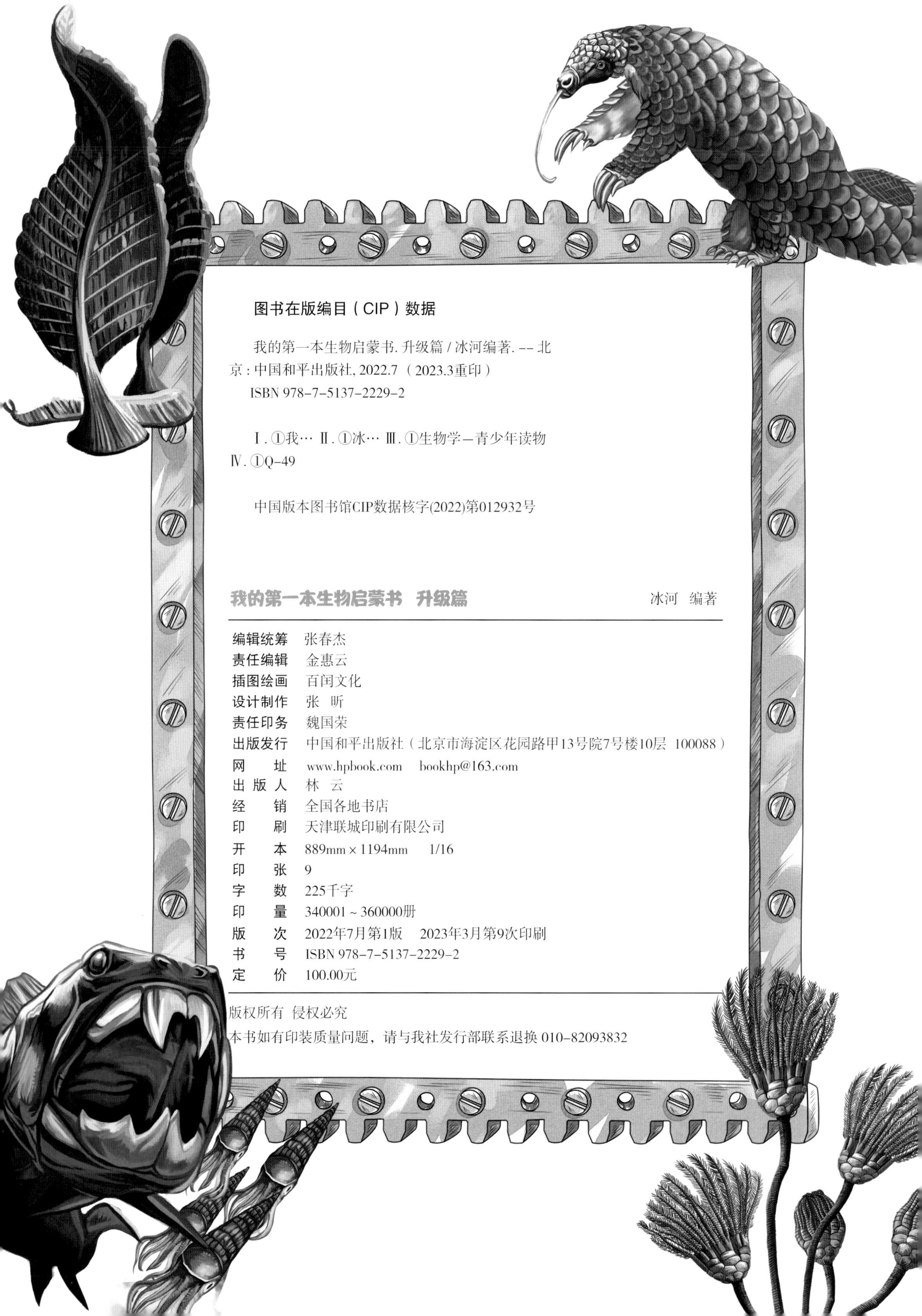

图书在版编目（CIP）数据

我的第一本生物启蒙书. 升级篇 / 冰河编著. -- 北京 : 中国和平出版社, 2022.7（2023.3重印）

ISBN 978-7-5137-2229-2

Ⅰ. ①我… Ⅱ. ①冰… Ⅲ. ①生物学–青少年读物 Ⅳ. ①Q-49

中国版本图书馆CIP数据核字(2022)第012932号

我的第一本生物启蒙书　升级篇　　冰河　编著

编辑统筹　张春杰
责任编辑　金惠云
插图绘画　百闻文化
设计制作　张　昕
责任印务　魏国荣
出版发行　中国和平出版社（北京市海淀区花园路甲13号院7号楼10层　100088）
网　　址　www.hpbook.com　bookhp@163.com
出 版 人　林　云
经　　销　全国各地书店
印　　刷　天津联城印刷有限公司
开　　本　889mm×1194mm　1/16
印　　张　9
字　　数　225千字
印　　量　340001～360000册
版　　次　2022年7月第1版　2023年3月第9次印刷
书　　号　ISBN 978-7-5137-2229-2
定　　价　100.00元

目录

让阅读轻松一“点”

在这个星球上，有花开花落，有四季更迭，有虫鸣鸟叫，有鱼戏莲间；当然也会有病毒侵扰，瘟疫肆虐……这套书从孩子的视角，用简洁的语言、生动的插画，把孩子们带进一个奇妙的生物世界。你读后不仅可了解看不见的微生物、不可思议的人体，还可知道动植物的繁衍生息。

黄蓓

安徽大学生命科学学院教授

原始海洋孕育最初的生物

地球刚刚形成的时候，环境非常恶劣，滚烫的岩浆在地壳上漫延，天空中电闪雷鸣，太阳炙烤着大地，空气中弥漫着毒气。科学家猜想，正是闪电、太阳光和火山爆发的力量，才把大气中的一些气体结合在一起，形成构成生命的基本单位，它们随雨水落到地球表面和海洋中，生命就开始孕育了。

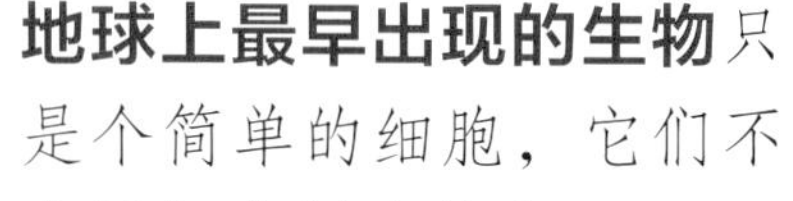

地球上最早出现的生物只是个简单的细胞，它们不会用阳光制造营养。

最早的原生生物**蓝藻**出现了，它们是单细胞生物，仅由一个细胞构成，需要用显微镜才能观察到。它们利用太阳能，把水和溶解在水中的二氧化碳，转变成自身所需要的养分，同时释放出氧气。

蓝藻

细菌

细菌的细胞主要由细胞壁、细胞质、细胞膜、拟核等部分构成，有的细菌还具有鞭毛、菌毛、荚膜、纤毛等特殊结构。

$$\mathrm{R{-}\overset{\displaystyle H}{\overset{|}{\underset{\underset{\displaystyle NH_2}{|}}{C}}}{-}COOH}$$

生命的诞生

富含有机物的雨水落在了地上，它流过表层的岩石时，会溶解很多的矿物质，然后流向大海，使原始海洋富含营养。大约35亿年前，原始海洋中产生了构造简单的单细胞生物，最早的生命是细菌（细菌只含有一个细胞）和微生物蓝藻。

科学家模拟最早的地球情况

1953年，在实验室里，科学家米勒模拟了早期地球的大气和海洋环境，并且在大气中制造了闪电，而且在模拟的原始海洋中，还找到了氨基酸。后来，米勒又通过实验证实，这些氨基酸可以合成蛋白质，在合适的情况下，这些蛋白质可以长成空心球体，它们可能就是生命的最早祖先。

远古化石动物群

地球上最早的生命是单细胞生物，后来经过逐渐的演变，许多生物由数以百万计的细胞结合而成。多细胞生物到底是怎么演化出来的，目前还没有人知道。科学家猜想，可能是结构相似的单细胞生物聚居在一起，变成多细胞生物。也有的科学家认为，较复杂的原始生物内部演化出细胞膜，将原来的细胞分割成许多不同功能的细胞。现在，我们可以找到原始单细胞生物的化石，并找到和它们相似的现代生物。

这些化石显示：它们是居住在海底的**碗形生物体**。科学家还没找到它们和现在的什么生物有关。

有些动物的化石和现今的**海笔**相似，它们是群居的小型多细胞动物。

从单细胞生物到多细胞生物
有些科学家认为，单细胞生物在细胞内部长出细胞膜，逐渐形成多细胞生物。比如单细胞生物草履虫，内部结构非常复杂，有细长的胞咽，有容纳并消化食物的食物泡，有能够收缩来排出过多水分的收集管和伸缩泡。有些生物和草履虫细胞结构很相似，这些细胞内部在某种特定条件下，出现细胞膜，根据功能不同，把细胞分隔为多个细胞，从而形成多细胞生物。
狄更逊虫是椭圆形的，有体节，类似蠕虫的动物，可能和现今的环节动物有关。
这个外形奇特的动物，可能是三叶虫的祖先。三叶虫是最有代表性的远古动物，现今已灭绝。
单细胞真核生物
单细胞鞭毛虫
鞭毛虫群
有鞭毛的海绵细胞
5

生命的神奇演变

地球上最早的生命出现在海洋里。在距今5.4亿年前的寒武纪，陆地上没有任何生命，海洋里却生活着各种低级植物和软体动物。随着陆地环境的变化，池塘、沼泽等地方的周围长满了植物，最早的昆虫也应运而生。与此同时，许多原始的脊椎动物爬上了岸边，成为最原始的“爬行动物”。在中生代时期，恐龙家族统治了地球约1.6亿年。而属于哺乳动物的人类，直到第三纪末期才诞生，并延续至今。

约5.4亿年前 寒武纪	约5亿年前 奥陶纪	约4.4亿年前 志留纪	约4亿年前 泥盆纪	约3.6亿年前 石炭纪

寒武纪时期的海洋植物千奇百怪，水母型腔肠动物此时也已经出现在海洋里。

原始鳞木繁殖在热带沼泽地区，它是形成煤的原始物料。

双椎螈主要在水中活动，它是一种两栖爬行动物，头骨坚实，牙齿锋利，并拥有五趾形的四肢。

第四纪时期

在第四纪时，地球上的人类虽然已经诞生了，但是统治地球的仍然是动物。随着自然环境的改变，一些不适应环境的动物灭绝了，而另一些动物因为后来人类的崛起而走向灭亡。

约2.8亿年前 二叠纪	约2.5亿年前 三叠纪	约2亿年前 侏罗纪	约1.4亿年前 白垩纪

霸王龙是白垩纪时期的陆地霸主，它依靠锋利的牙齿、有力的后足，可以打败其他体形巨大的爬行动物。

板龙体形巨大，体重约为5吨，是一种食草恐龙。

迷惑龙可以吞食水生植物，它的巨尾强健有力，是很好的防身武器。

5亿年前的寒武纪

生命最早起源于海洋，最初的生命是一些单细胞藻类。大约在距今5.4亿到5亿年前的寒武纪，地球开始出现大量生物。除了各种藻类，结构复杂的硬壳无脊椎动物也开始出现。在这个时期，最多的生物是三叶虫，所以人们又把寒武纪叫作“三叶虫时代”。

寒武纪生命大爆发

对于地球来说，寒武纪发生了一个重大事件，这就是“寒武纪生命大爆发”。在寒武纪时期的数百万年内，许多比较高级的海洋无脊椎动物都出现了，出现的这些动物与现代动物的形态基本相同，形成了多种门类动物同时存在的繁荣景象。

海百合

海百合是一种棘皮动物。它有许多腕足，表面还有硬壳，看起来就像一朵花的样子。由于长得像植物，人们就给它们起了海百合的名字。

珊瑚

直角石

各不相同的生活习性

三叶虫的生活习性是各不相同的，它们的化石在石灰岩中被发现的较多，可见它们当时大部分都生活在浅海或游移于淤泥中。它们有的已经具备了初级的游泳技能，有的则只能随波漂流。还有些三叶虫的身体部分部位有短刺，这些短刺对于在水里游泳的三叶虫来说，不仅是一种强有力的助推器，同时也可以作为武器，抵御天敌。

史前的蝎：体形巨大，是很凶猛的海洋肉食动物，与现在的蝎子在体形和生活环境上有很大不同。

幼年期的三叶虫身体很小，头部与尾部的区别并不是很明显，整个身体就像一个小圆球。随着三叶虫不断长大，它会蜕掉身上的壳，身体逐渐地变大。当它进入成年期，具有生儿育女的能力时，身体全部发育完成，不能再长大了。

眼睛：三叶虫的眼睛位于背部，有些还长有复眼。

触角：三叶虫依靠触角来感知周围环境的变化。

自我保护：当遇到危险时，三叶虫会卷成一团，保护自己。

蜕壳：当三叶虫长大时，它会蜕掉身上的壳。

奥陶纪的无脊椎海洋生物

奥陶纪约开始于4.9亿年前，结束于4.4亿年前。这一时期，地球上的大部分区域被浅海覆盖，加上当时气候温和，海洋无脊椎生物得到了空前的发展。由于海洋生物需要大量食物，由藻类在生命活动过程中形成的叠层石，在这一时期大大减少了。

鹦鹉螺和广翅鲎

在奥陶纪，鹦鹉螺捕杀原始鱼类和节肢动物为食，其中包括广翅鲎。

奥陶纪的海中霸主鹦鹉螺

直壳鹦鹉螺是海洋霸主，卷壳鹦鹉螺因体形小，生命力顽强而存活了下来。直壳鹦鹉螺体形巨大，据科学家推测，它的身长可以达到11米左右。

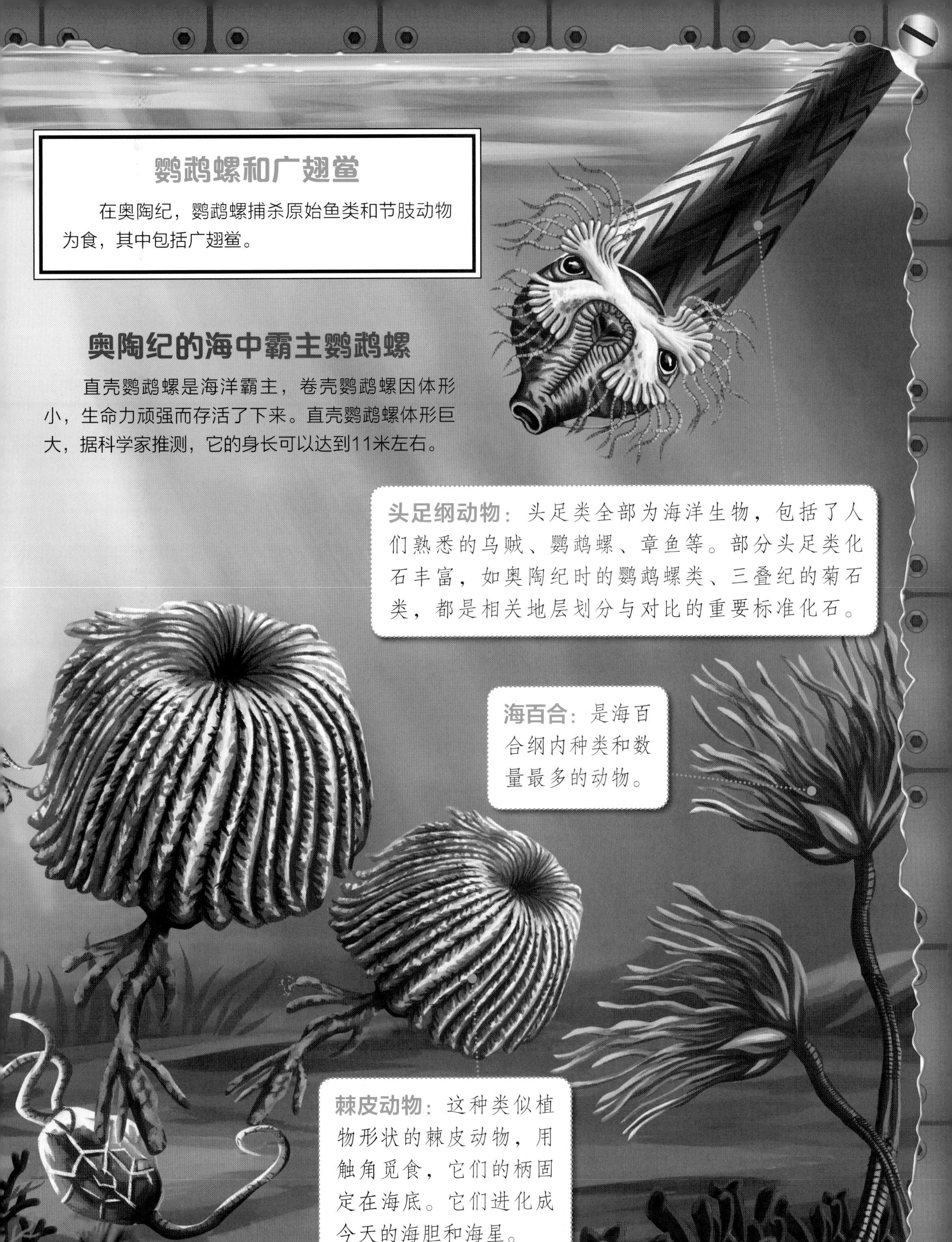

头足纲动物：头足类全部为海洋生物，包括了人们熟悉的乌贼、鹦鹉螺、章鱼等。部分头足类化石丰富，如奥陶纪时的鹦鹉螺类、三叠纪的菊石类，都是相关地层划分与对比的重要标准化石。

海百合：是海百合纲内种类和数量最多的动物。

棘皮动物：这种类似植物形状的棘皮动物，用触角觅食，它们的柄固定在海底。它们进化成今天的海胆和海星。

早期的鱼类

最早的鱼类化石被发现于寒武纪早期的地层中。这些鱼的身体大多都包裹着“盔甲”，头部没有颌，用口吸取食物，被称作甲胄鱼。在当时，因为有“盔甲”的保护，它们可以免受大部分食肉动物的攻击，只有少数动物才能撕碎它们的硬壳，捕食它们。

甲胄鱼： 生活在泥盆纪早期，身体被坚固的骨甲包裹，口部周围长有骨质的盾板，在海底觅食。

半盔鱼： 也被称作半环鱼，是泥盆纪的一种淡水鱼，通常在水底以水藻和泥中的有机物为食。

乌塔贡鱼：生活在志留纪，身体长着结实的护胸甲，两对上颌片，与一对下颌片相咬合。头甲与躯甲之间最早以滑动关节相连。
花鳞鱼：最早出现在志留纪，是一种身体覆盖着完全矿化的微型鳞状外骨骼的甲胄鱼类。
盔甲鱼类：头甲前部具有一个椭圆形或裂隙形的大鼻孔，鼻孔与口鳃腔相通，具有吸入水流过滤食物的功能，头甲背面侧线感觉管系统呈格栅状分布。
鳍甲鱼：生活在志留纪到晚泥盆纪时期，长有盔甲和锋利的鳍。

泥盆纪的甲壳鱼类

在大约3.6亿至4亿年之前的泥盆纪，出现了许多甲壳鱼类的新物种。它们的长度达到10米左右，并且有鱼鳞或甲壳保护自己。这些甲壳鱼类拥有用骨头构成的颌骨，它们能够张开和闭上嘴巴，并有足够的力量咬碎较大的猎物，无论是在淡水中还是在海洋里，甲壳鱼类都是可怕的肉食动物。

邓氏鱼：是泥盆纪时期最大的海洋猎食者，拥有强有力的体格，加上包裹着甲板的头部，能够与原始的鲨鱼进行较量，是一种凶猛的肉食动物。

颌骨的演化

史前的甲壳鱼类都拥有坚硬的颌骨，但这些颌骨不是与生俱来的，而是由鱼鳃逐渐演化，最后形成了可以闭合的颌骨。在演化的过程中，位于呼吸孔前面的鳃弓变得越来越大，最后变成了上颌骨和下颌骨。

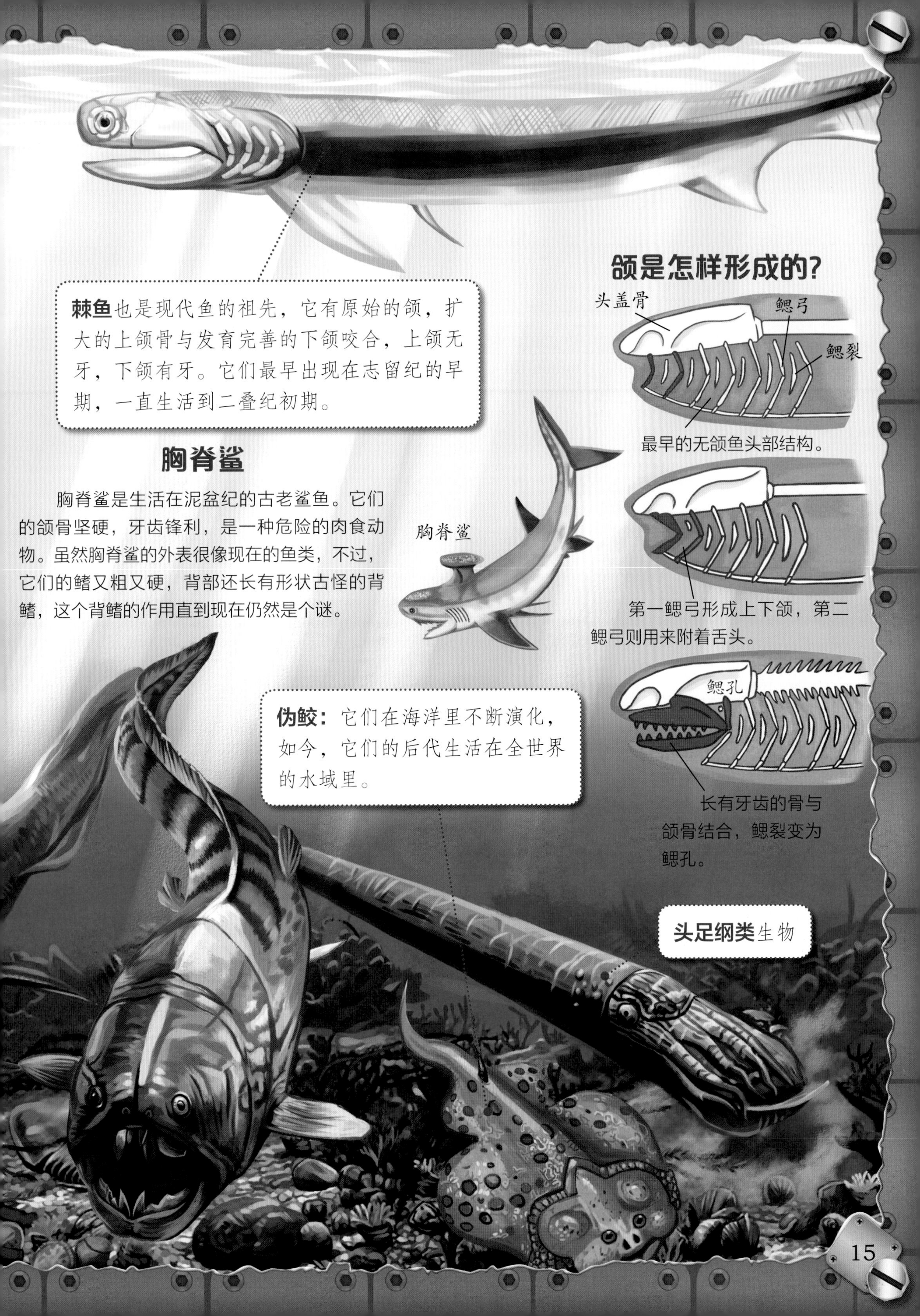

棘鱼也是现代鱼的祖先，它有原始的颌，扩大的上颌骨与发育完善的下颌咬合，上颌无牙，下颌有牙。它们最早出现在志留纪的早期，一直生活到二叠纪初期。

胸脊鲨

胸脊鲨是生活在泥盆纪的古老鲨鱼。它们的颌骨坚硬，牙齿锋利，是一种危险的肉食动物。虽然胸脊鲨的外表很像现在的鱼类，不过，它们的鳍又粗又硬，背部还长有形状古怪的背鳍，这个背鳍的作用直到现在仍然是个谜。

伪鲛：它们在海洋里不断演化，如今，它们的后代生活在全世界的水域里。

颌是怎样形成的？

最早的无颌鱼头部结构。

第一鳃弓形成上下颌，第二鳃弓则用来附着舌头。

长有牙齿的骨与颌骨结合，鳃裂变为鳃孔。

石炭纪

在3.5亿年以前，陆地逐渐被茂盛的植物覆盖，温暖潮湿的气候非常有利于植物的生长。在一些地方，出现了许多高大的树木，森林中低矮的树木被青苔和蕨类植物所覆盖。在池塘、沼泽、河流附近，昆虫也大量繁殖。这个时期的一些节肢动物，如百足虫、蝎子，还有一种蛛形纲动物（蜘蛛的祖先）也都经历了演化的飞跃。

古裸子植物：属于蕨类植物中的一种，它们分布在沼泽周边。

原始大蜻蜓：生活在沼泽、池塘附近，以百足虫和其他昆虫为食，是历史上已知的最大的昆虫。它的翅膀展开长度达到75厘米左右，并长有一个大大的脑袋和一对大眼睛。

百足虫：生活在池塘、沼泽附近，身长达到1米左右。在百足虫生活的这一区域，还生活着蝎子和一些以植物为食的昆虫。

巨大的蕨类植物

在石炭纪，蕨类植物的树叶形状与现在的树叶相比有些怪异，在温暖潮湿的地方，蕨类植物非常茂盛，它们虽然低矮，但大量占据了森林的下层空间。

昆虫的天堂

在石炭纪时期，池塘、沼泽、河流附近是原始昆虫生活的天堂。这些原始昆虫就是现在我们所熟知昆虫的祖先，它们体形巨大，振动翅膀的时候，会发出巨大的嗡嗡声。

这些高大的树木是**鳞木**，树干粗直，是形成煤的原始物料。

史前蜘蛛：这种蛛形纲动物是蜘蛛的祖先，它可以在森林的落叶上快速奔跑，属于快速奔跑型杀手。

二叠纪的盘龙目动物

在2.7亿年前的二叠纪，有一部分两栖动物演化成爬行动物。其中的盘龙目爬行动物生活在赤道的北方。盘龙典型的特征是背部长有一个“帆”状物。这些盘龙已经适应了陆地生活，不再像两栖动物那样，回到水里产卵，而是在陆地生下蛋，并孵化出可以呼吸空气的爬行动物。盘龙又分为食草盘龙与食肉盘龙，食草盘龙多数时候会成群出现，食肉盘龙喜欢捕食一些两栖动物。

食肉盘龙：异齿龙身长达3.5米，背部长有高大的羽冠，它的羽冠外形很像“帆”，主要用来调节身体的温度。异齿龙喜欢吃两栖类动物，它的嘴里布满尖利的牙齿，可以把食物切割成小块。

楔齿龙

楔齿龙是一种凶猛的爬行动物，它的上颌骨和下颌骨的前端，长有匕首状的牙齿，嘴能张得很大，咬合非常有力，可以捕食大型脊椎类动物。虽然楔齿龙的脊椎很长，但它没有盘龙背部的帆状物。这种凶猛的爬行动物，生活在二叠纪时期的北美洲。

食草盘龙

基龙的头部短而宽，身长约3米。基龙是食草动物，为了抵抗肉食动物的捕食，它们会成群出现。基龙的天敌是它的远亲——长棘龙。

食肉盘龙有一个较短的头颅和粗壮的四肢，它们喜欢以两栖动物为食。

雄性食肉盘龙的颌骨非常有力，锋利的牙齿可以咬碎任何猎物。它背部的帆状物里布满血管，通过流动的血液，既可以吸收太阳的光热，又能降低自己的体温。

三叠纪时期的恐龙

三叠纪时期的恐龙家族非常庞大，它们分为食肉恐龙和食草恐龙。食肉恐龙可以捕捉大小不同的猎物，它们用两只后足奔跑，用尾巴平衡身体，而两条前腿在行走时变得不那么重要了。食草恐龙的身体非常高大，有的身上长着兽角和甲壳，用来保护自己，这些食草恐龙的脖子较长，头小，可以用长颈吃到几米高的植物。

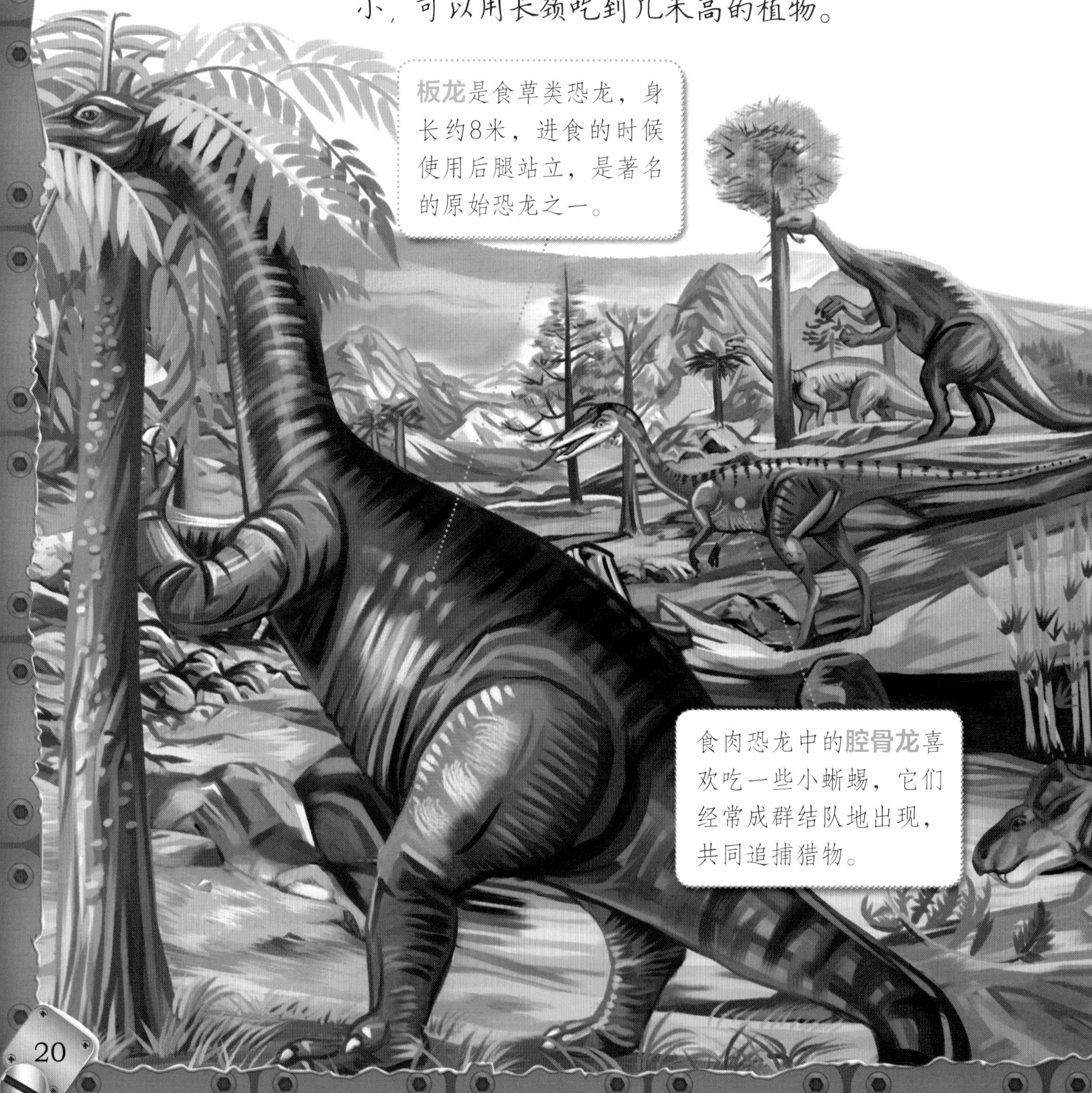

板龙是食草类恐龙，身长约8米，进食的时候使用后腿站立，是著名的原始恐龙之一。

食肉恐龙中的**腔骨龙**喜欢吃一些小蜥蜴，它们经常成群结队地出现，共同追捕猎物。

巨大的原始恐龙

板龙是一种巨大的原始恐龙，它们体长达到8米，喜欢群居生活，经常慢悠悠地四处迁徙。当它们找到高大植物时，会用后足站立起来，用前肢抓住树干去吃树枝上的嫩叶，也会用长爪来刨挖植物。

近蜥龙是一种喜欢集体生活的食草动物，它拥有庞大的躯干、细长的脖子和很小的脑袋。近蜥龙是一种温驯的动物，它们在陆地上四处游荡，寻找着地面上的嫩草和树尖的嫩叶。平时，近蜥龙四肢着地，当遇到危险时，它会抬起前肢，用后肢奋力奔跑。

肯氏兽生活在三叠纪晚期，身长约2米，以植物为食，可以用面部前端的角质喙切断植物。

侏罗纪早期

侏罗纪开始于距今约两亿年前，当时的气候比较稳定，陆地上出现了许多爬行动物，鸟类的祖先——始祖鸟，就是在这个时期由爬行动物进化而来的。侏罗纪早期是爬行动物的时代，爬行动物成为陆生脊椎动物中种类最多的群体，它们在地球上占据了统治地位。

最出名的食草恐龙

迷惑龙是最出名的食草恐龙之一，它的身体巨大，站立起来犹如二层小楼。它有四只柱子般粗壮的大腿，走路时脚步沉重，但它的颈部很长，头特别小，因此能在深水中前行，迷惑龙在深水中活动时，头部可以留在水面上。

迷惑龙的身体肌肉发达，它就像一座小山似的。迷惑龙的颌中布满细小的牙齿，主要以植物为食，包括各种蕨类和树叶。它的巨尾强劲有力，可以当作防身武器。

雷龙体长可达24米，体重约30吨，颈部很长，头特别小，是一种吃植物的恐龙。
原始种子植物中最常见的植物是针叶树，还有分布较广的苏铁类裸子植物，它们类似于如今的棕榈树。还有像拟苏铁属植物，这几种植物都是食草恐龙重要的食物来源。

侏罗纪晚期

在侏罗纪晚期，翼龙占据着天空，陆地恐龙则主宰着陆地。大型针叶类植物在大陆上广为分布，树上不时有类似松果的果实落到地面上。茂盛的大片森林，使食草类恐龙的生活得到保障。最早的鳄鱼、最早的鸟类——始祖鸟，还有各种小型哺乳动物，也都共同生活在这个恐龙帝国里。海洋里也出现了鱼龙类大型爬行动物。

马什龙生活在侏罗纪晚期，它体长约5米，前肢比较短小，牙齿锋利。

在恐龙家族中，**梁龙**的身体最长，体长约25米。梁龙可以潜入深水中，把头伸出水面。

在侏罗纪晚期的**恐龙时代**，最早的哺乳动物也出现了。

始祖鸟是陆地上最早出现的鸟类，是现代鸟类的祖先。但它也是由爬行动物进化而来。

会飞的爬行动物

翼龙是由爬行动物进化而来。早期的翼龙都有牙齿，如蝙蝠龙和喙嘴龙，但稍后出现的翼手龙，嘴就变成了没有牙齿的鸟喙了。翼手龙张开的双翅可达12米，翼中的骨骼力量很弱，翅膀不容易扑打。

侏罗纪早期，有些爬行动物向空中发展，被称为翼龙。翼龙的前肢长有一层皮膜伸展到后肢，起到翅膀的作用。它飞行时主要依靠滑翔。

腕龙的体长跟梁龙相似，可以达到24米，但它的体重却能达到30吨，重量是梁龙的三倍，是恐龙家族中最重的大块头。腕龙的前肢比后肢长，鼻孔长在头顶上，在深水中活动时，可以把头顶伸出水面呼吸。

雷龙的体重超过30吨。它的胸部和腰部十分发达，四条腿粗壮结实。

白垩纪

白垩纪时期，地球上的恐龙种类增多。其中有两种最出名的恐龙：食草恐龙——三角龙，食肉恐龙——霸王龙。原始鸟类和原始哺乳动物的数量也在增加。最早的开花植物——被子植物，也逐渐覆盖了广阔的陆地。这个时候的冈瓦纳古大陆分裂成几片陆地，寒冷的气候开始统治着高纬度地区。到了白垩纪晚期，据说一颗巨大的陨星撞击地球，使恐龙帝国彻底地毁灭了。

冠龙的头顶上长有冠饰，它的口鼻又宽阔又扁平，能够以各种植物为食。

霸王龙是名副其实的地球霸主，它拥有巨大而强壮的后肢和一排利刃般的牙齿。

三角龙头上的3根尖角让人望而生畏，但霸王龙可以用爪子将它扑倒在脚下。

似鸟龙

似鸟龙生活在白垩纪晚期的北美洲，也就是现今的加拿大西部。当时的气候环境与现在相比有很大的不同。那时的加拿大西部是一片海岸平原，这里到处生长着一种低矮的灌木，似鸟龙主要就是以这种灌木的根茎为食物。似鸟龙体形娇小，非常灵活，并且善于奔跑。它们的体形好似现在的一些大型鸟类，如鸸鹋、鸵鸟等，并且它们还长有一条长长的尾巴。似鸟龙也因为它们的脚印化石与鸟类相似而得名。

白垩纪末期的哺乳动物

白垩纪末期，地球的大灾难发生后，大量的生物都灭绝了。曾经统治地球的恐龙家族也没能躲过这次灾难。恐龙消失后，哺乳动物成为陆地上的主宰动物，它们发生了前所未有的变化，某些哺乳类动物演化成为庞然大物，如食草性动物尤因他兽。大约又过了2000万年，最大型的陆生哺乳动物——巨犀，也出现了。

尤因他兽：这种食草哺乳动物和犀牛有些相似，它的头上有三对皮肤覆盖的角，每只脚生有5个趾头，主要生活在北美洲。

雷兽：雷兽头上的角很像犀牛角，但它是由骨骼组织形成的，犀牛角是由皮肤的角质特化而形成，除此之外它们都很相似。

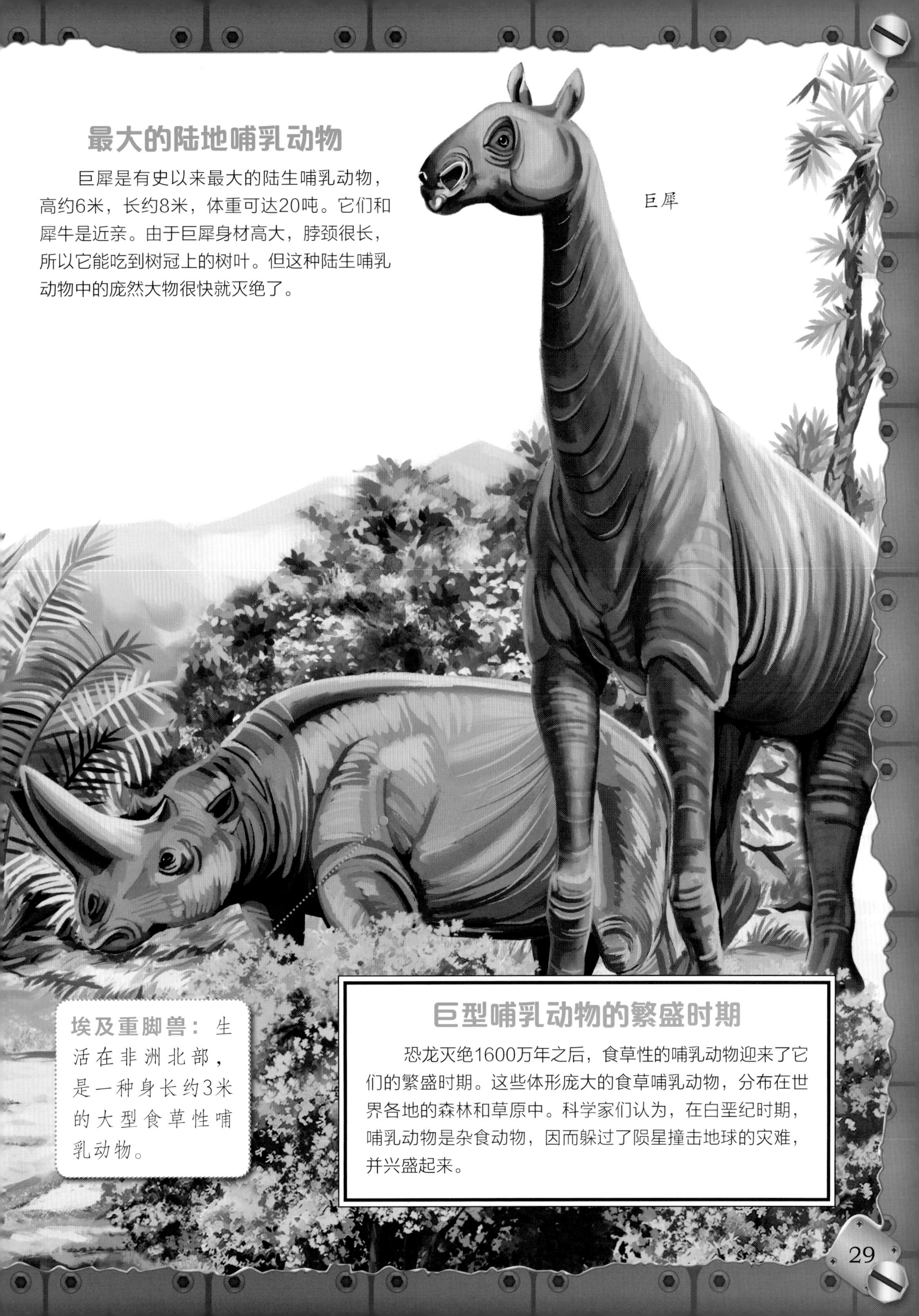

最大的陆地哺乳动物

巨犀是有史以来最大的陆生哺乳动物，高约6米，长约8米，体重可达20吨。它们和犀牛是近亲。由于巨犀身材高大，脖颈很长，所以它能吃到树冠上的树叶。但这种陆生哺乳动物中的庞然大物很快就灭绝了。

埃及重脚兽： 生活在非洲北部，是一种身长约3米的大型食草性哺乳动物。

巨型哺乳动物的繁盛时期

恐龙灭绝1600万年之后，食草性的哺乳动物迎来了它们的繁盛时期。这些体形庞大的食草哺乳动物，分布在世界各地的森林和草原中。科学家们认为，在白垩纪时期，哺乳动物是杂食动物，因而躲过了陨星撞击地球的灾难，并兴盛起来。

营养的加工厂——消化系统

下面我们要进行一次不同寻常的旅行。旅行的起点是我们的口腔，这是消化系统的第一站，沿着口腔往下走，到达消化系统更深的部分——食道、胃、小肠、大肠等。消化系统能将食物分解成各种营养物质，将其吸收转化，并将消化过程中产生的废物排出体外。准备好了吗？这是一个漫长而充满刺激的旅程！

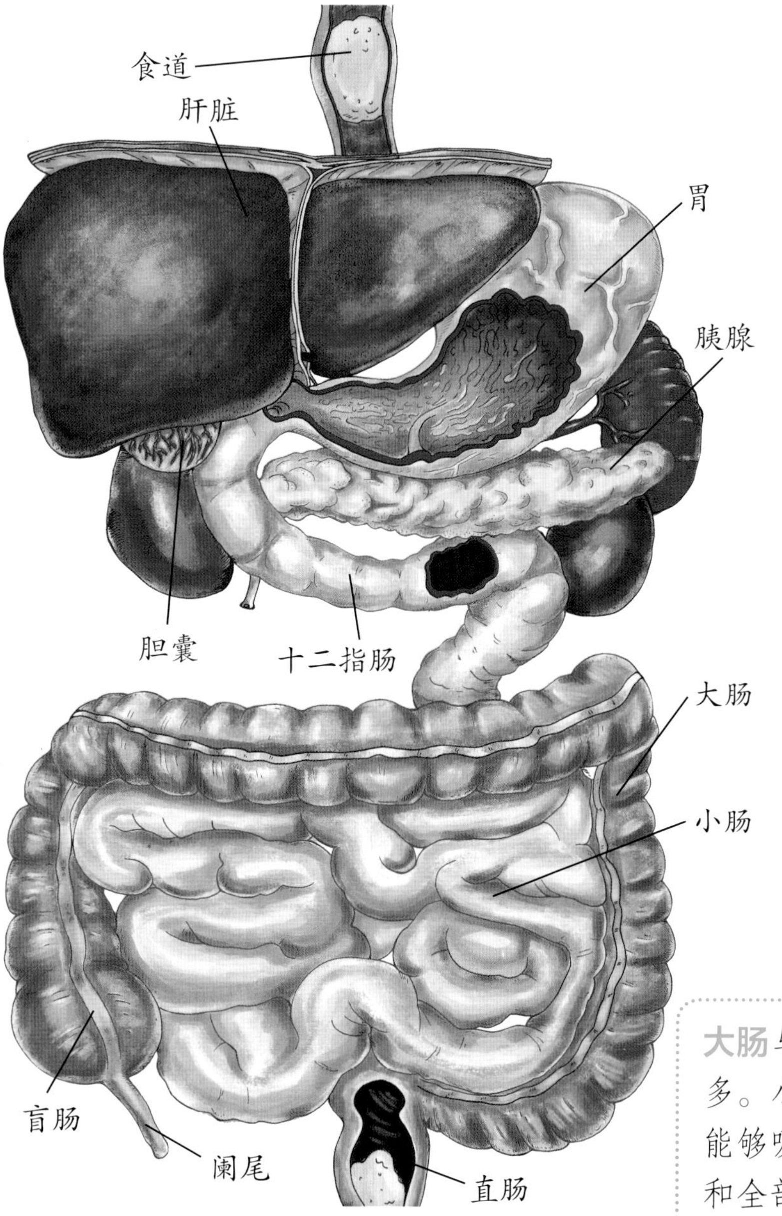

消化系统就像一条约9米长的通道，穿过我们的身体。这条长长的消化道包括咀嚼、吞咽、搅拌食物的器官，还有分泌消化液、分解食物、吸收养分和排泄残渣的器官。

食道
肝脏
胃
胰腺
胆囊
十二指肠
大肠
小肠
盲肠
阑尾
直肠

食道、**胃**、**小肠**和**大肠**相互连接成一条长长的管道，从人的口腔一直延伸到肛门。

胃是一个袋状器官，有着强韧有力的肌肉壁。

食物在**胃**里经过几个小时的消化，变成黏稠的糊状物，并慢慢流入**小肠**。

胆汁、胰液通过**十二指肠**的开口，进入小肠内帮助消化食物。

大肠与**小肠**相连，比小肠粗，而且短得多。小肠是吸收营养物质的主要场所，能够吸收大部分的水、无机盐、维生素和全部的氨基酸、葡萄糖、甘油和脂肪酸。大肠是形成粪便的场所，能够吸收少量的水、无机盐和维生素。

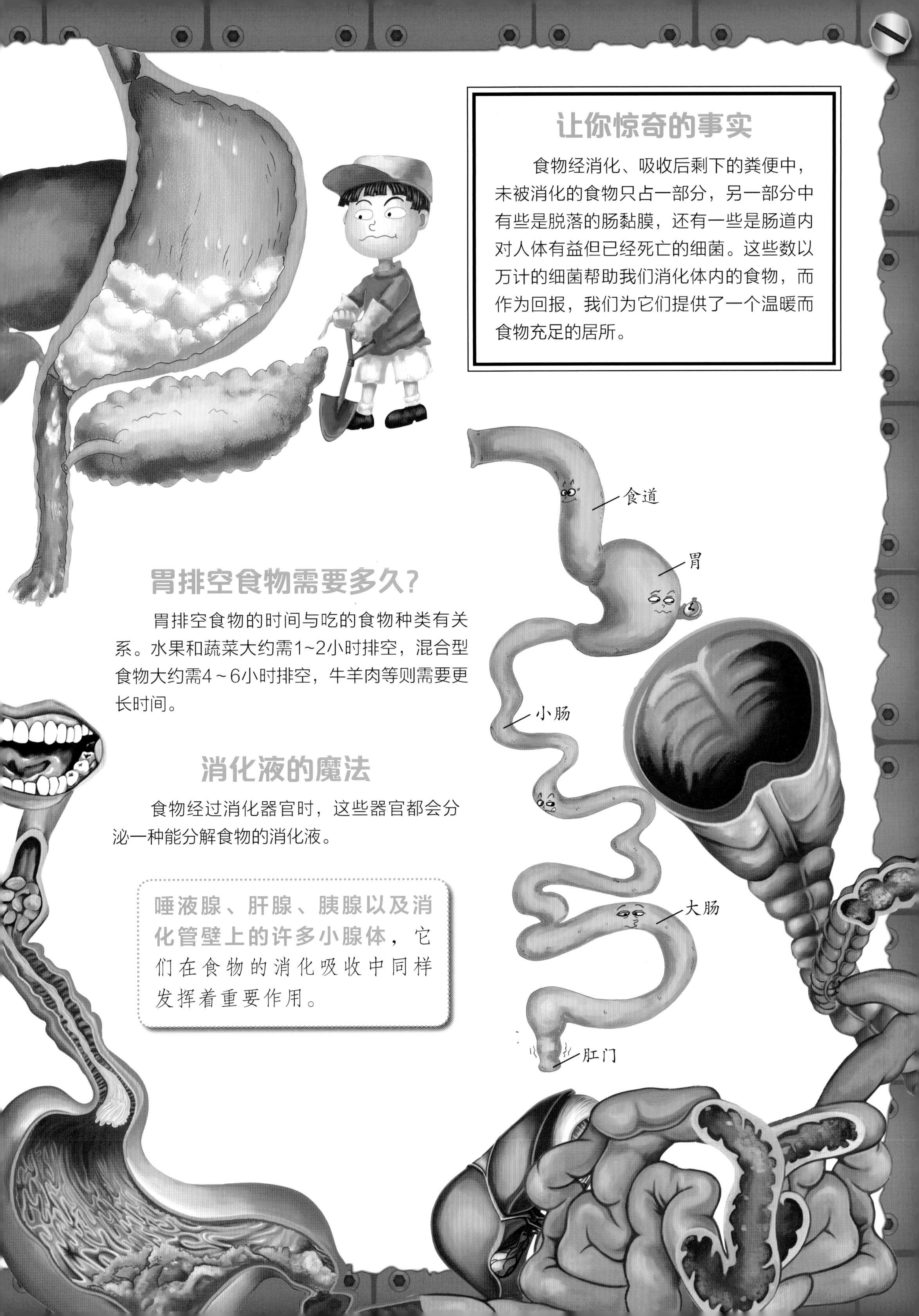

让你惊奇的事实

食物经消化、吸收后剩下的粪便中，未被消化的食物只占一部分，另一部分中有些是脱落的肠黏膜，还有一些是肠道内对人体有益但已经死亡的细菌。这些数以万计的细菌帮助我们消化体内的食物，而作为回报，我们为它们提供了一个温暖而食物充足的居所。

胃排空食物需要多久?

胃排空食物的时间与吃的食物种类有关系。水果和蔬菜大约需1~2小时排空，混合型食物大约需4～6小时排空，牛羊肉等则需要更长时间。

消化液的魔法

食物经过消化器官时，这些器官都会分泌一种能分解食物的消化液。

唾液腺、肝腺、胰腺以及消化管壁上的许多小腺体，它们在食物的消化吸收中同样发挥着重要作用。

食物的入口——口腔

我们很熟悉嘴巴，每天用它吃饭和说话。然而，我们对它真的熟悉吗？要知道，光依靠两片嘴唇，什么都做不了。重要的是我们的口腔，它不但是消化系统的开始部分，也是吞咽的必经之路。它的前方经嘴唇与外界相通，后方与咽喉相连。在口腔里，除了我们的牙齿、舌头外，还有许多我们看不见的奥秘……

在口腔的内部，时刻都会分泌一种液体，这种液体就是唾液。唾液无色无味，不但能够湿润和清洁口腔，溶解食物产生味觉，而且在食物的消化过程中，能起到十分关键的作用。

吃米饭的时候，如果我们细嚼慢咽，味道会特别甜，这是因为唾液中的一种酶——唾液淀粉酶，会把米饭中的淀粉分解成麦芽糖，所以就越嚼越甜了。

腮腺是人体最大的唾液腺，它位于外耳道的前下方。

腮腺

舌下腺

下颌下腺

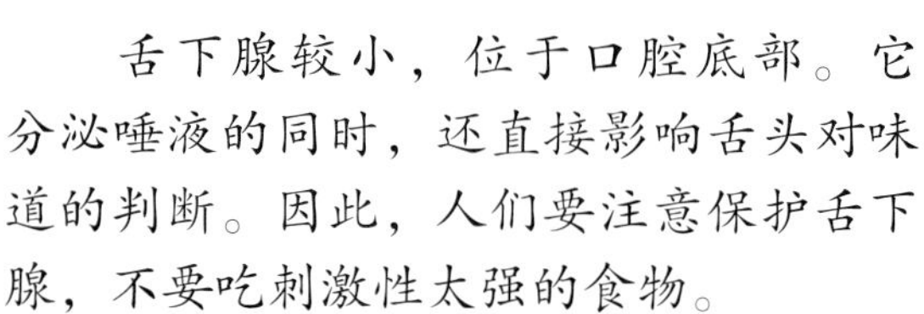

舌下腺较小，位于口腔底部。它分泌唾液的同时，还直接影响舌头对味道的判断。因此，人们要注意保护舌下腺，不要吃刺激性太强的食物。

下颌下腺位于下颌骨的下方，左右各一个。

拥有众多作用的唾液是由**唾液腺**分泌的，人口腔内有大、小两种唾液腺。小唾液腺散布于口腔黏膜内，大唾液腺包含腮腺、舌下腺和下颌下腺三对。正常情况下，人每天要分泌1000～1500毫升的唾液呢！

硬腭位于腭的前部，靠近门牙，由骨头构成，表面有黏膜覆盖。

腮腺导管是一个细小的管道，它可以将腮腺分泌出的唾液排入口腔。

软腭位于腭的后三分之一处，由肌肉和结缔组织构成，是口腔通向咽的分界线。静止的时候它是垂向下方的；当吞咽或者说话的时候，就会与咽的后壁相贴。

会厌在舌根的后方，由黏膜覆盖着的软骨构成。

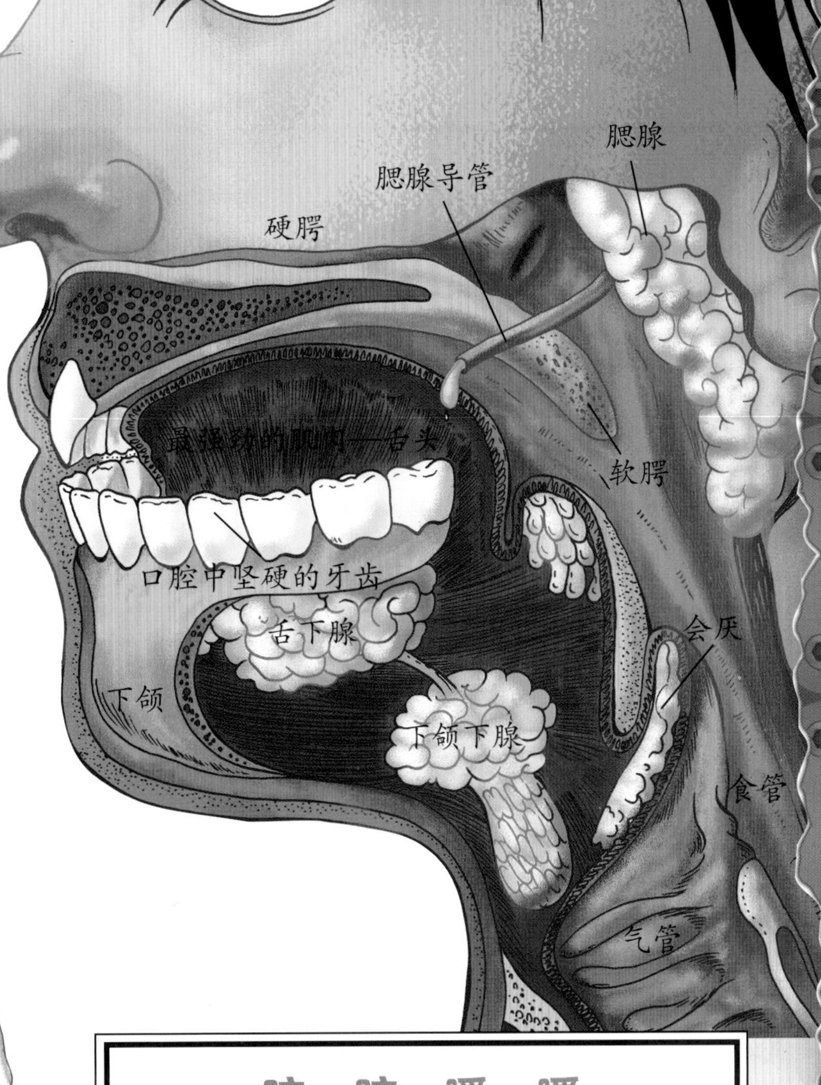

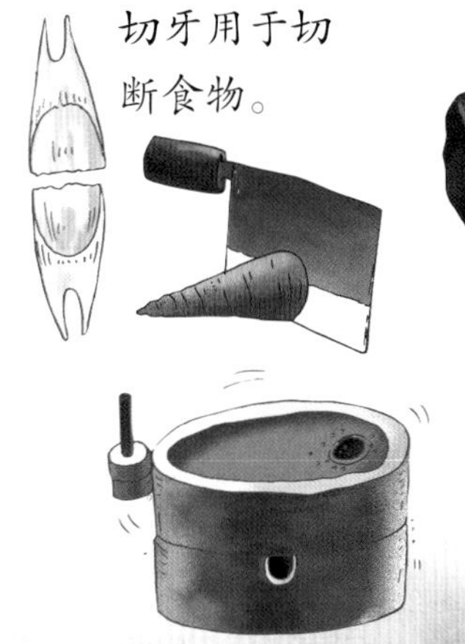

切牙用于切断食物。

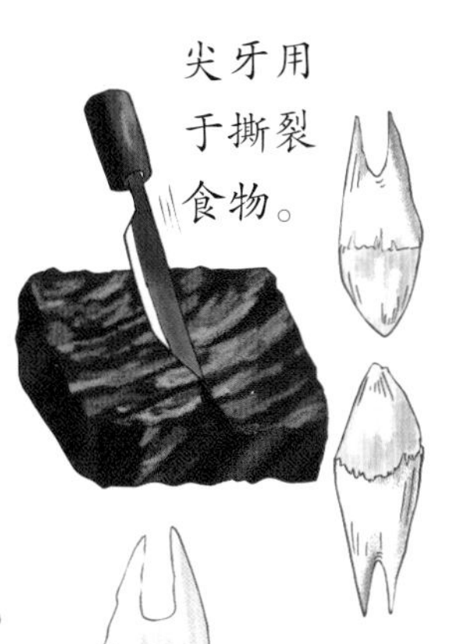

尖牙用于撕裂食物。

磨牙用以研磨和粉碎食物。

咬一咬，嚼一嚼

当我们吃东西的时候，强健的颌肌与牙齿联合工作。牙齿被牢牢固定在颌上，每颗牙都有着独特的分工。切牙像刀片一样锋利平整，负责咬断食物；尖牙在切牙的两侧，它能把食物牢固地钳住并撕碎；磨牙则把食物磨碎成糊状。

大大的酸液缸——胃

胃是食物的储运场和加工厂，上口贲门连接食道，下口幽门通过十二指肠。在它的内表面，有许多崎岖不平的黏膜，如同丘陵山洼，当有食物进来时，黏膜可以自然扩展，使食物与胃有更大的接触面积，来更好地消化食物。

小肠全长约6米，比成年人的身高还长，所以只能像蛇一样盘曲在腹腔内。食物经过初步消化后，就会来到小肠，开始了它的长途旅行，在这里营养物质会被慢慢吸收。小肠的下部连接着大肠，大肠吸收食物残渣中的部分水分，并让食物残渣形成粪便，然后通过蠕动，排出体外。

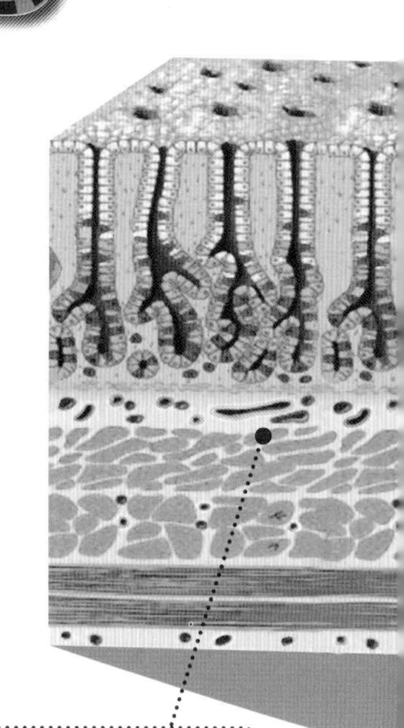

胃壁组织由外到内分为4层，即浆膜层、肌层、黏膜下层和黏膜层。

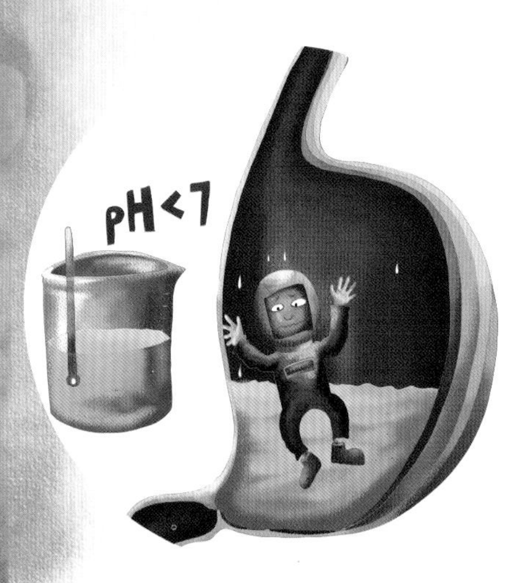

胃液的pH

pH的范围为1～14。其中pH＜7为酸性，pH=7为中性，pH＞7为碱性。胃液的pH是0.9~1.5，为胃蛋白酶的工作提供了一个理想的酸性环境，能杀死胃里的有害细菌。

胃黏膜里有贲门腺、幽门腺和泌酸腺，均分泌胃液。

小肠的管壁由黏膜、黏膜下层、肌层和浆膜构成。在各种消化液的作用下，食物中的淀粉、蛋白质、脂肪分解为葡萄糖、氨基酸和脂肪酸。

我们为什么会呕吐？

呕吐是胃部保护自己的一种方式，它刺激大脑中枢，使膈肌挤压胃部，将食物推上食管。但剧烈呕吐也会对胃黏膜、消化系统有损害。

胃液是强酸性的，其主要成分是能分解蛋白质的胃蛋白酶、能促进蛋白质消化的盐酸和具有保护胃黏膜的黏液。

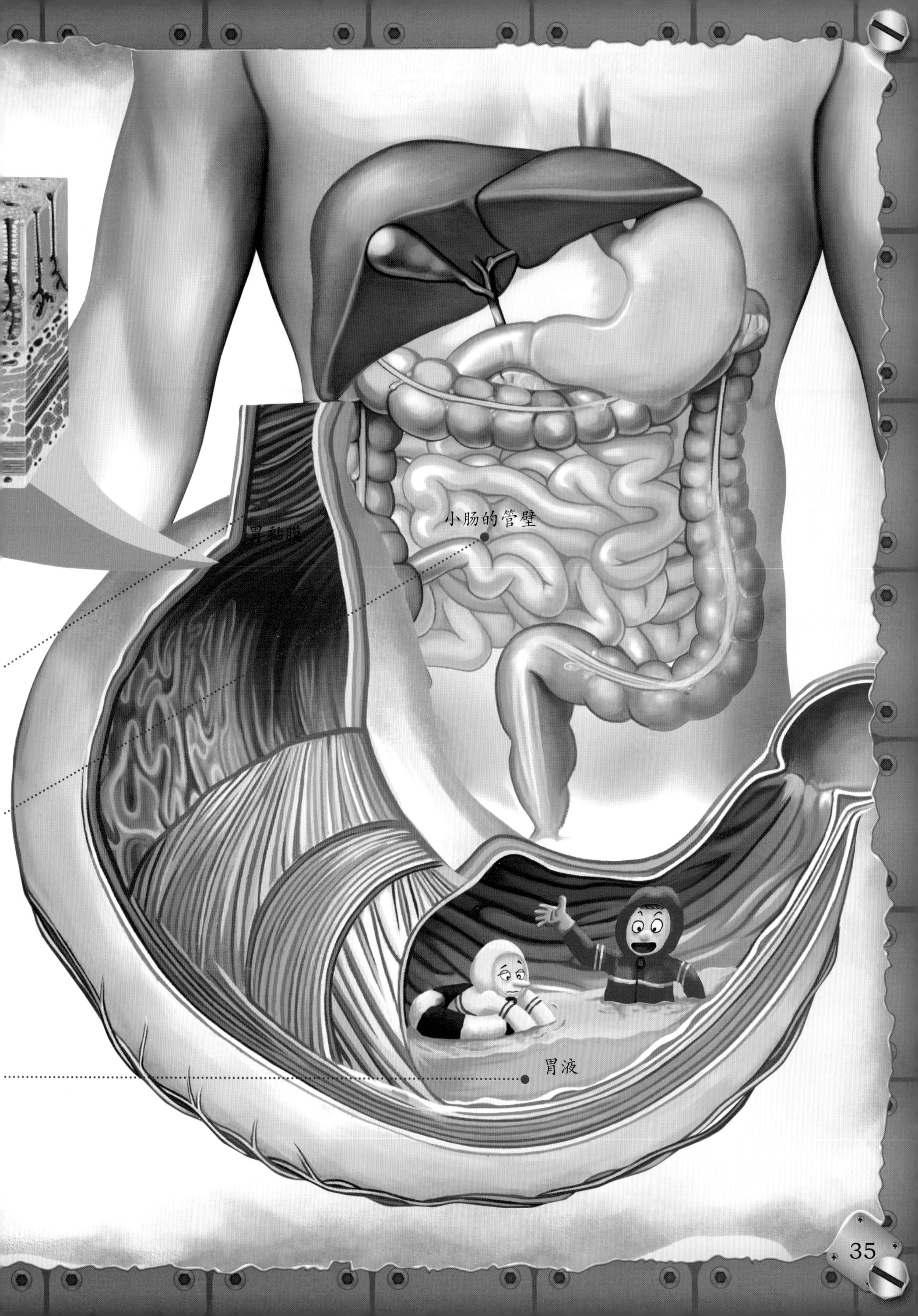
胃黏膜
小肠的管壁
胃液

吸收营养的小肠

经过“大袋子”胃的消化，食物走进了一条幽暗的“小路”——小肠。如果把腹腔打开，小肠看起来很有趣：偌大的腹腔，竟被一堆蠕动着的东西占满了，这就是长长的小肠。把成年人的小肠拉直，它能达到5～7米，这相当于二层楼的高度。但是，小肠里面的空间却显得狭小、拥挤，因为小肠的直径只有2～3厘米。

小肠的内壁覆盖着许多叫作绒毛的小“手指”，在绒毛里有毛细血管，食物的营养分子就被吸收进这些毛细血管里。一旦这些营养分子进入了血液，就会被送到身体的各个器官。

小肠分4层：最外层是小肠的表层，称为浆膜；紧接着是肌肉组织层；再里面一层是小肠内膜层，较疏松，含有丰富的毛细血管和神经；最里面一层是黏膜层，长有许多绒毛，是吸收营养物质的主要部位。

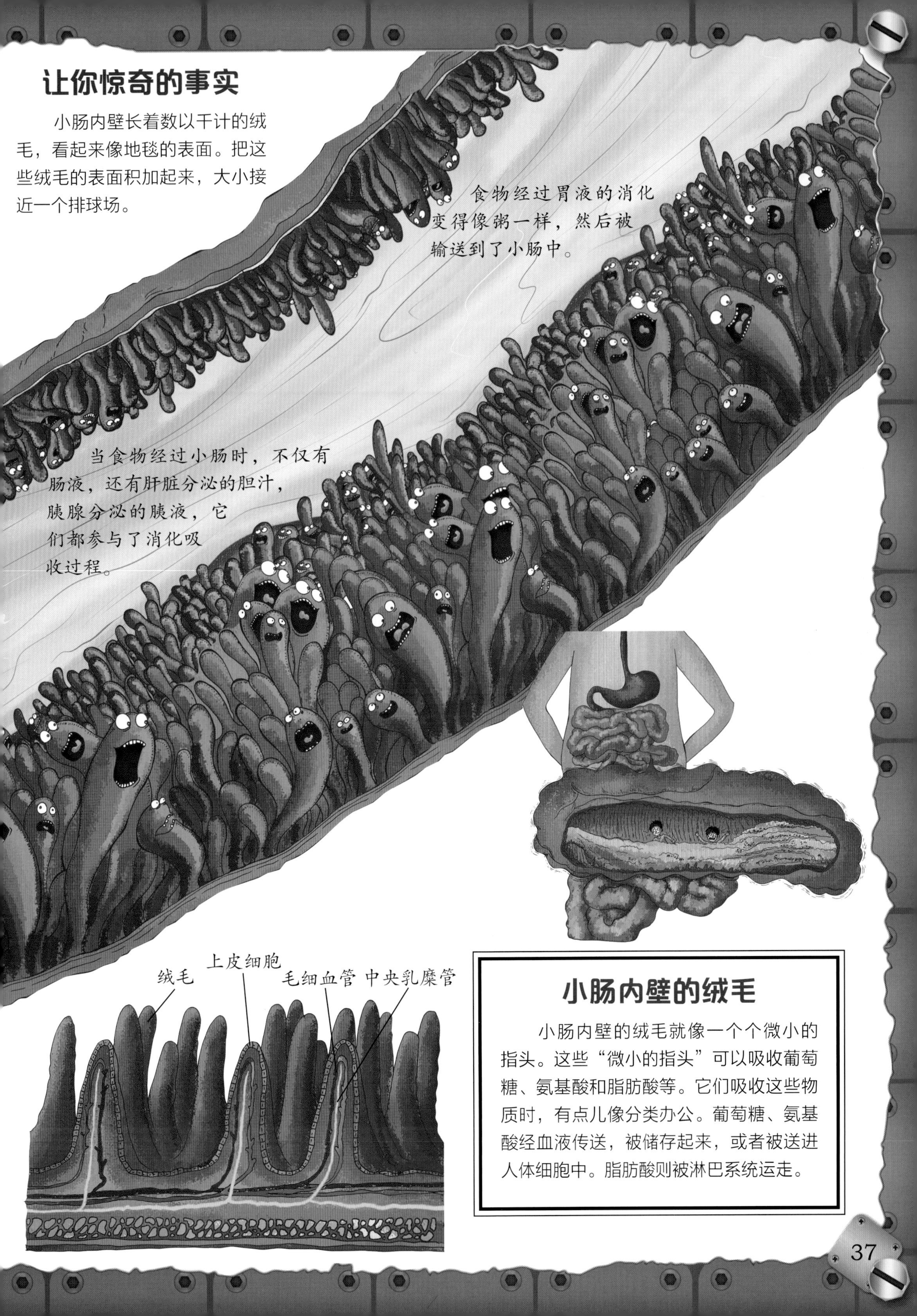

让你惊奇的事实

小肠内壁长着数以千计的绒毛，看起来像地毯的表面。把这些绒毛的表面积加起来，大小接近一个排球场。

食物经过胃液的消化变得像粥一样，然后被输送到了小肠中。

当食物经过小肠时，不仅有肠液，还有肝脏分泌的胆汁，胰腺分泌的胰液，它们都参与了消化吸收过程。

小肠内壁的绒毛

小肠内壁的绒毛就像一个个微小的指头。这些“微小的指头”可以吸收葡萄糖、氨基酸和脂肪酸等。它们吸收这些物质时，有点儿像分类办公。葡萄糖、氨基酸经血液传送，被储存起来，或者被送进人体细胞中。脂肪酸则被淋巴系统运走。

呼吸系统

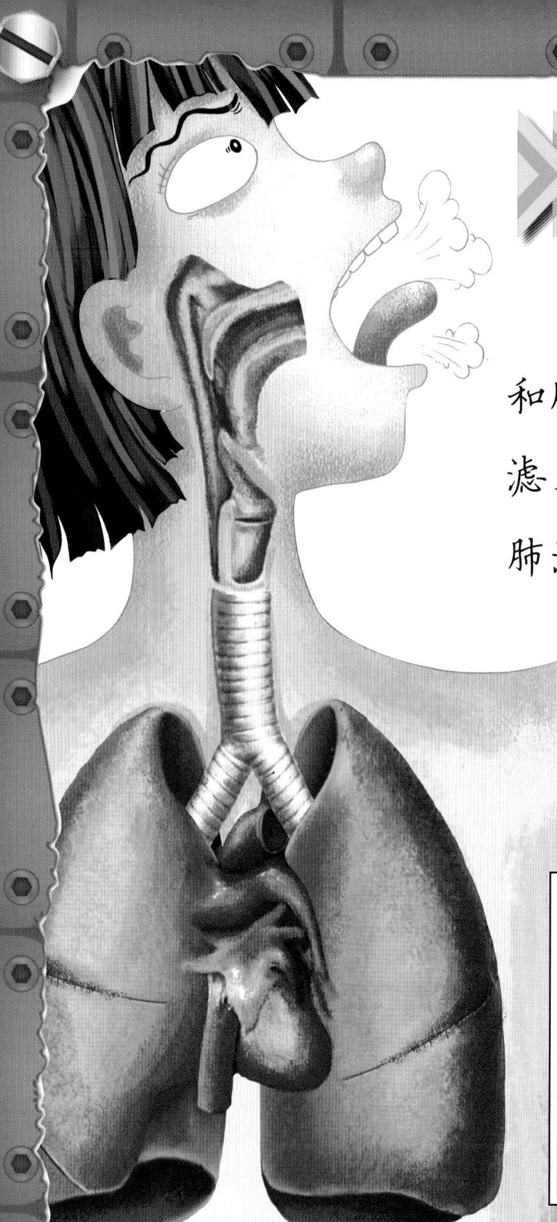

呼吸系统负责人体的气体交换，包括呼吸道和肺。新鲜的空气被吸入后，会在鼻子里进行过滤、加温，然后通过气管来到肺部，在肺里通过肺泡把氧气送到血液里。与此同时，血液里的二氧化碳也会通过肺泡扩散到肺里，再通过气管、鼻腔排出体外。

你知道吗？

在有些地方，呼吸对人类来说是非常困难的。在海拔高的山顶，由于氧气浓度非常低，人就会感觉呼吸困难，出现“高原反应”；而在水下，由于人不能像鱼一样用鳃呼吸，会因为肺部灌满水而窒息。

人体怎样与外界进行气体交换？

1. 肺被肋骨包围着，并紧挨着横膈膜。当呼气时，横膈膜放松，进而挤压肺部，把里面的气体排出体外。

2. 当吸气时，横膈膜进行收缩，肺部就会扩张，空气就能进入肺内。

3. 人体吸入空气中的氧气，氧气透过肺泡进入毛细血管，然后通过血液循环，被输送到全身各个器官组织。

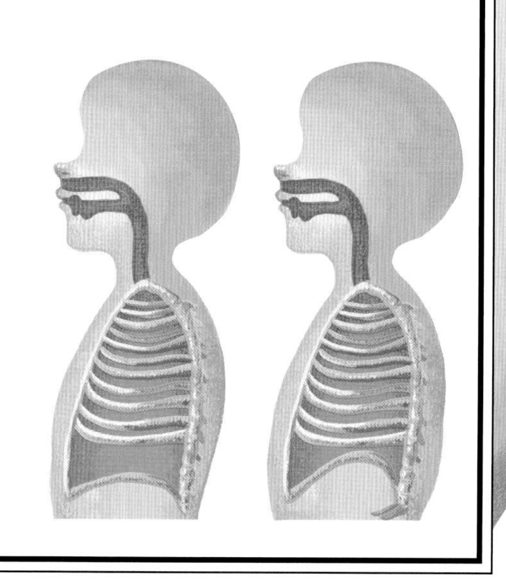

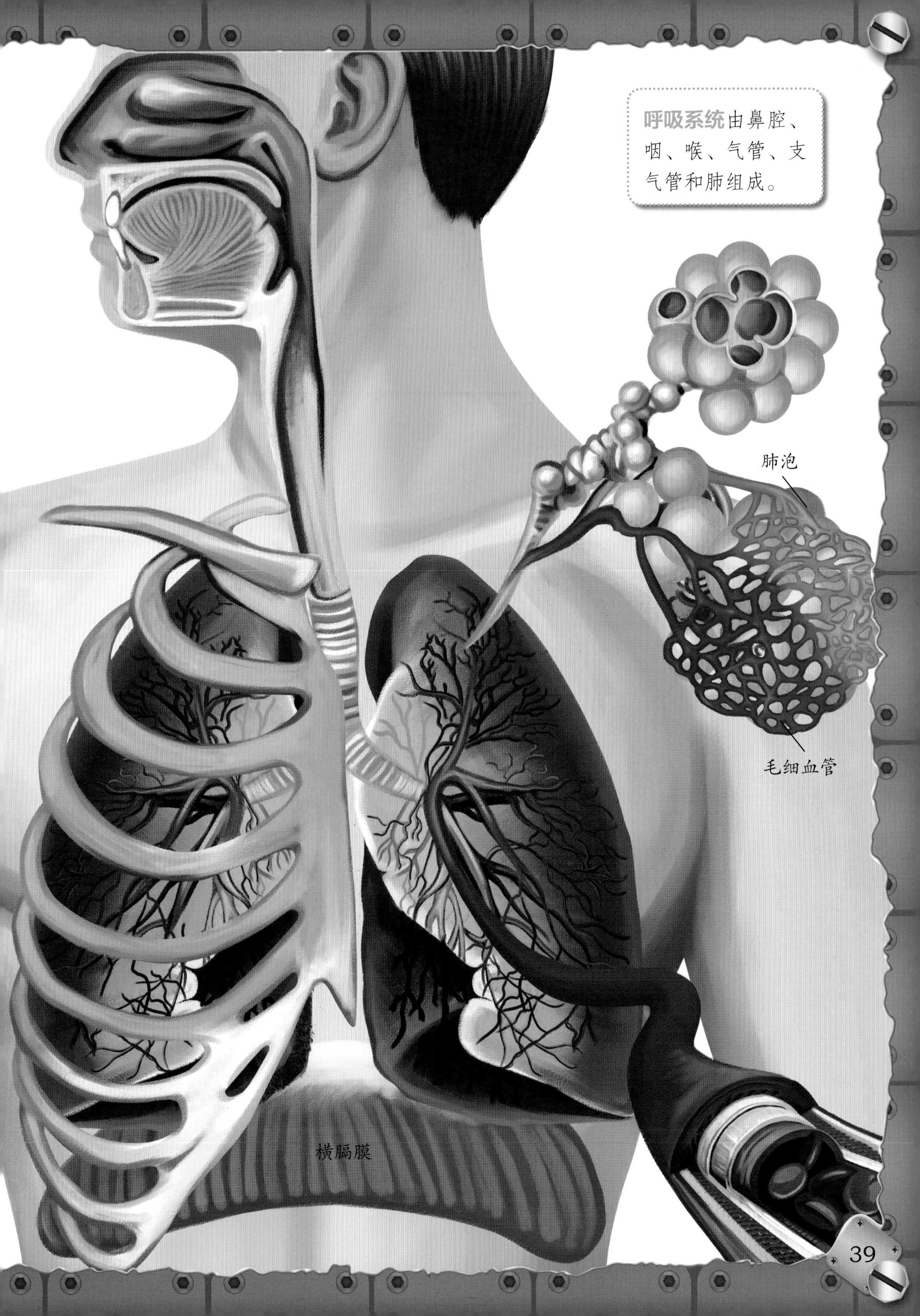
呼吸系统由鼻腔、咽、喉、气管、支气管和肺组成。
肺泡
毛细血管
横膈膜

用于气体交换的肺

说到呼吸，我们会很容易联想到鼻子，但呼吸的中心是在我们体内。肺，有人称它为气体交换站，它分为左肺和右肺，位于胸腔的左右两边，介于锁骨和横膈膜之间，四周由肋骨紧紧包围着。肺又软又轻，像两个大大的、海绵一样的袋子，并且富有弹性。虽然我们看不见这两个“海绵袋子”，但在吸气时，我们仍然能感觉出肺部充满了空气。

肺脏表面有几道裂隙，将右肺分成上叶、中叶和下叶；而将左肺分为上叶和下叶。

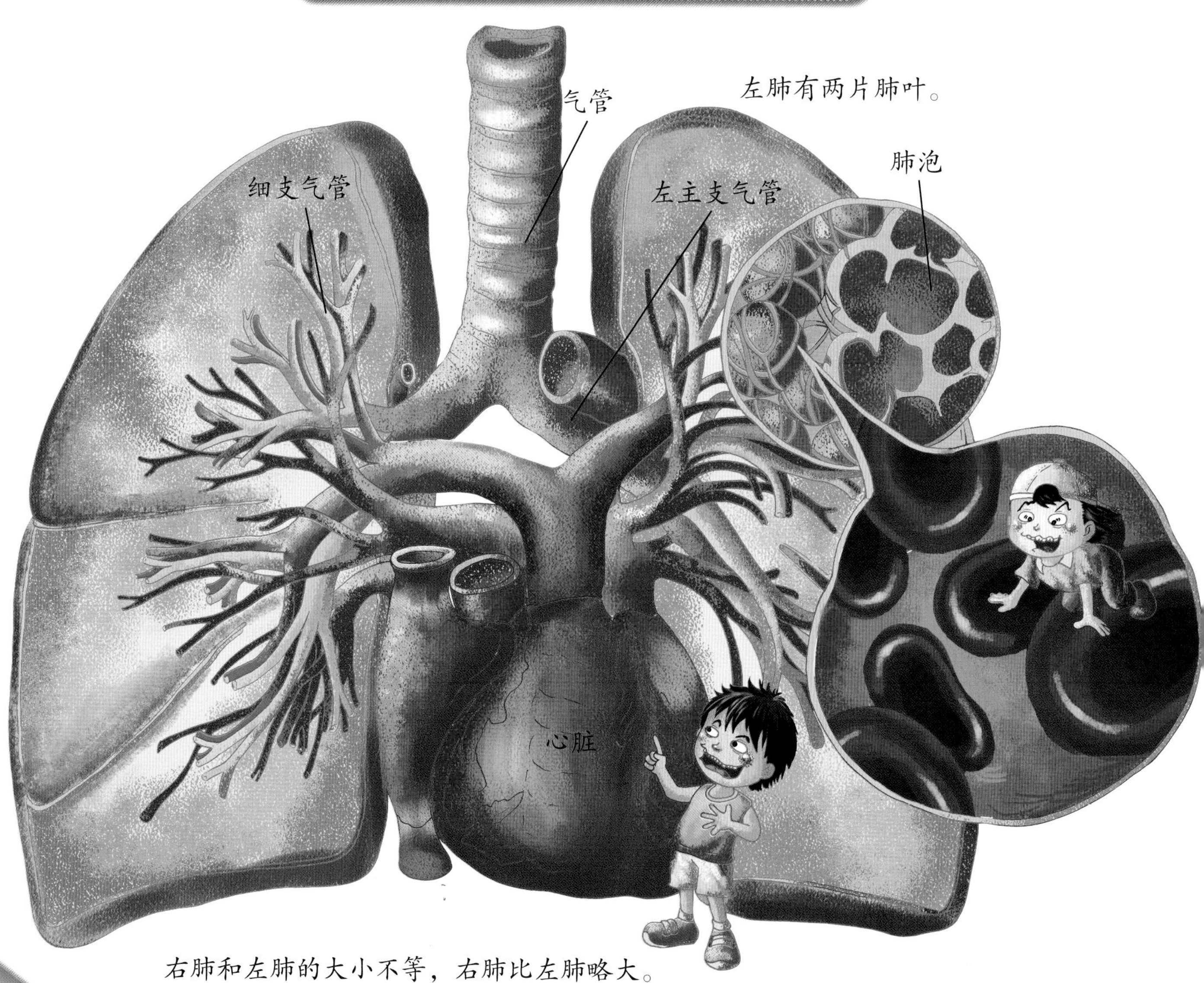

右肺和左肺的大小不等，右肺比左肺略大。

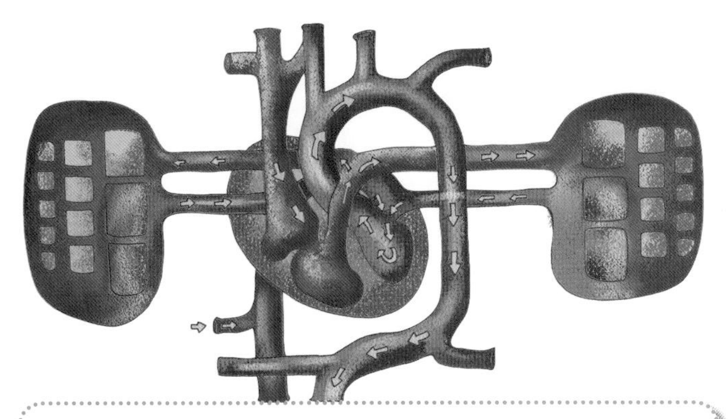

空气沿着气管进出肺部

气管在下部分为两个支气管，分别通向左肺和右肺。在肺里，支气管像树枝一样，一次又一次不断地分杈，最终变得比头发丝还细。支气管的末端是非常小的肺泡。

肺泡是肺内进行气体交换的小泡囊，像一个个小气球，有非常薄的壁，表面布满了丰富的毛细血管网，有利于促进气体交换。肺泡内的细胞能够分泌出一种液体，它们覆盖住肺泡内表面，使肺泡在吸气时容易扩张，呼气时又不会完全萎缩。

我们为什么要呼吸?

我们将空气吸进肺部，空气中的氧气经肺部进入血液，然后传遍全身各个组织，这些组织中的细胞需要氧气制造能量。假如细胞极度缺氧，它们就会因耗尽能量而死亡，细胞死了，我们也就无法生存了。

人体吸入的空气进入**肺泡**后，空气中的氧气会透过肺泡壁和毛细血管壁进入血液，并与血液中的红细胞结合，随着血液流动，到达全身各个部位。红细胞释放出氧气后，又会与二氧化碳结合，并把它带回到肺部释放，通过人的呼气排出体外。

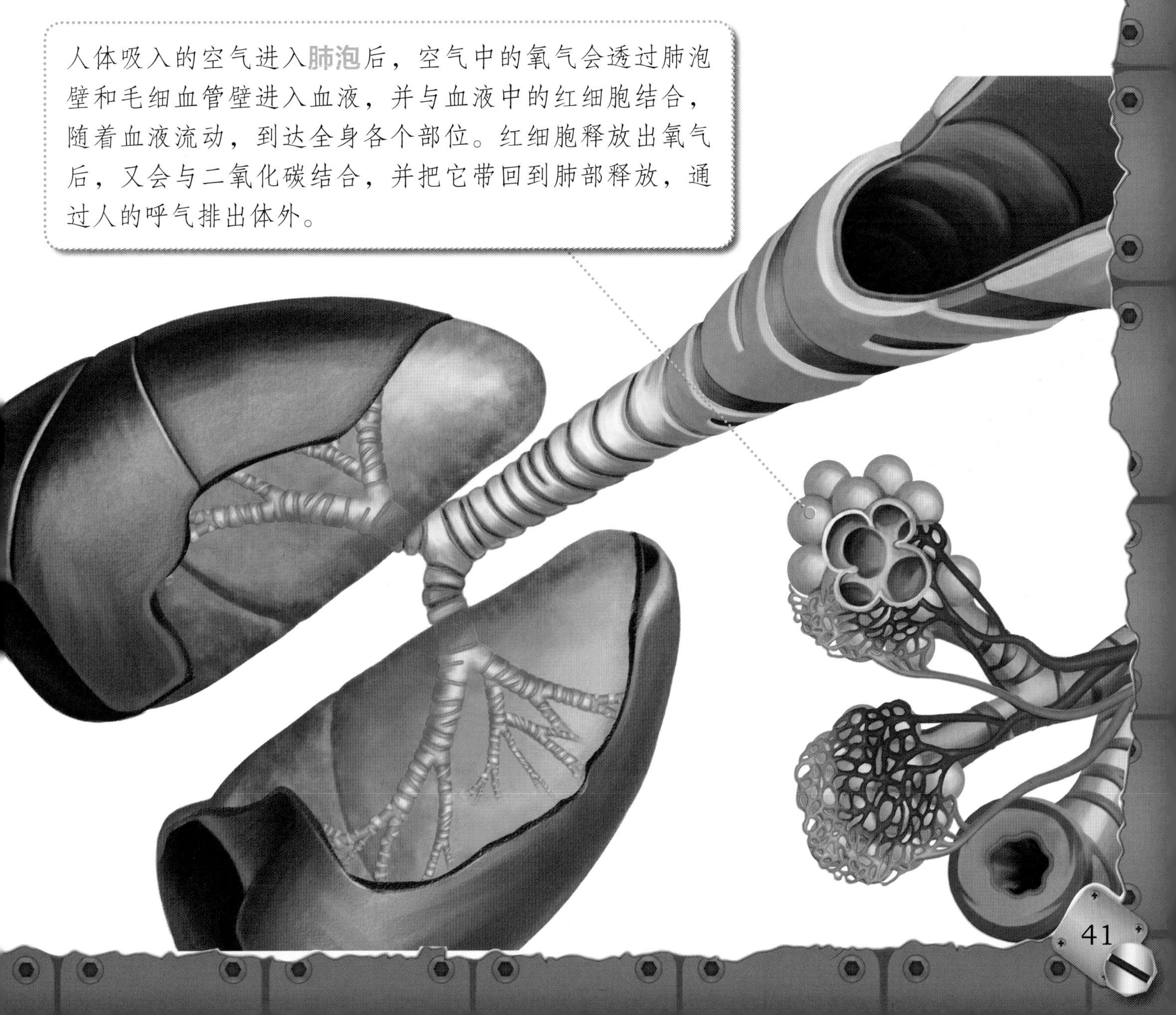

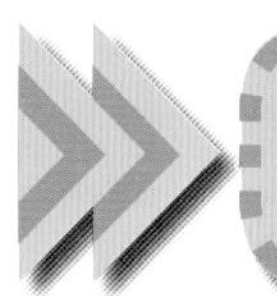

血液循环的路径

无论我们睡着还是醒着，静止还是运动，血液都在心脏和血管组成的封闭管道中周而复始地流动，这就是血液循环。血液这样辛劳地工作，就是为了体内的营养运输。血液循环是由体循环和肺循环构成的双循环，血液完成一次完整的体循环，大约需用20秒。

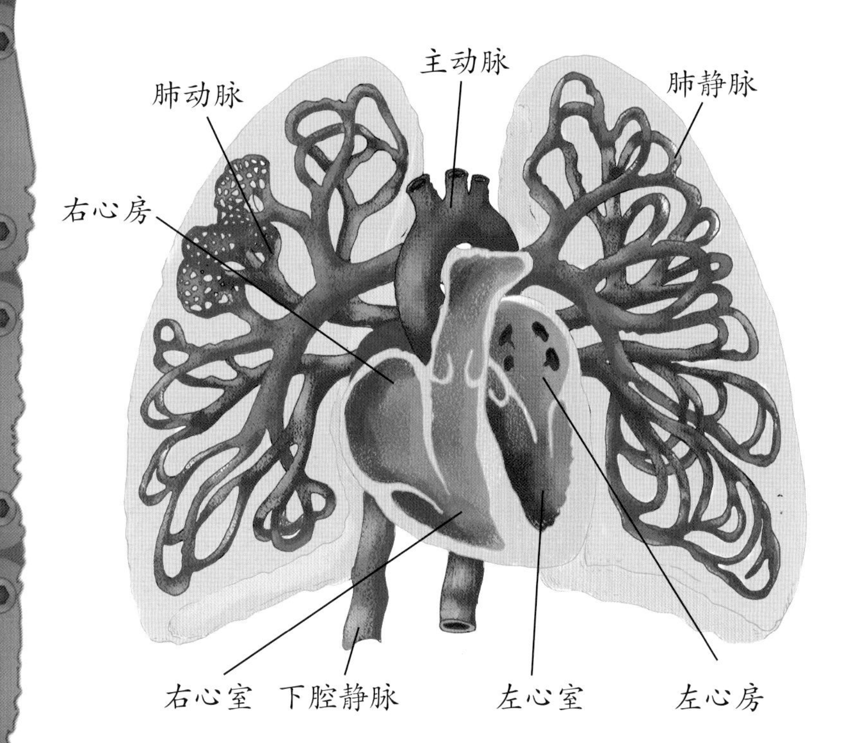

当血液流经全身之后，含氧量少的血液通过上、下腔静脉进入右心房、右心室，然后流入**肺动脉**。

肺动脉将静脉血输送至肺部，在那里，血液中的二氧化碳通过呼吸排出体外。

在肺泡处，静脉血吸收到充足的氧气，血液变成鲜红色的动脉血，再通过肺静脉注入心脏，完成**肺循环**。

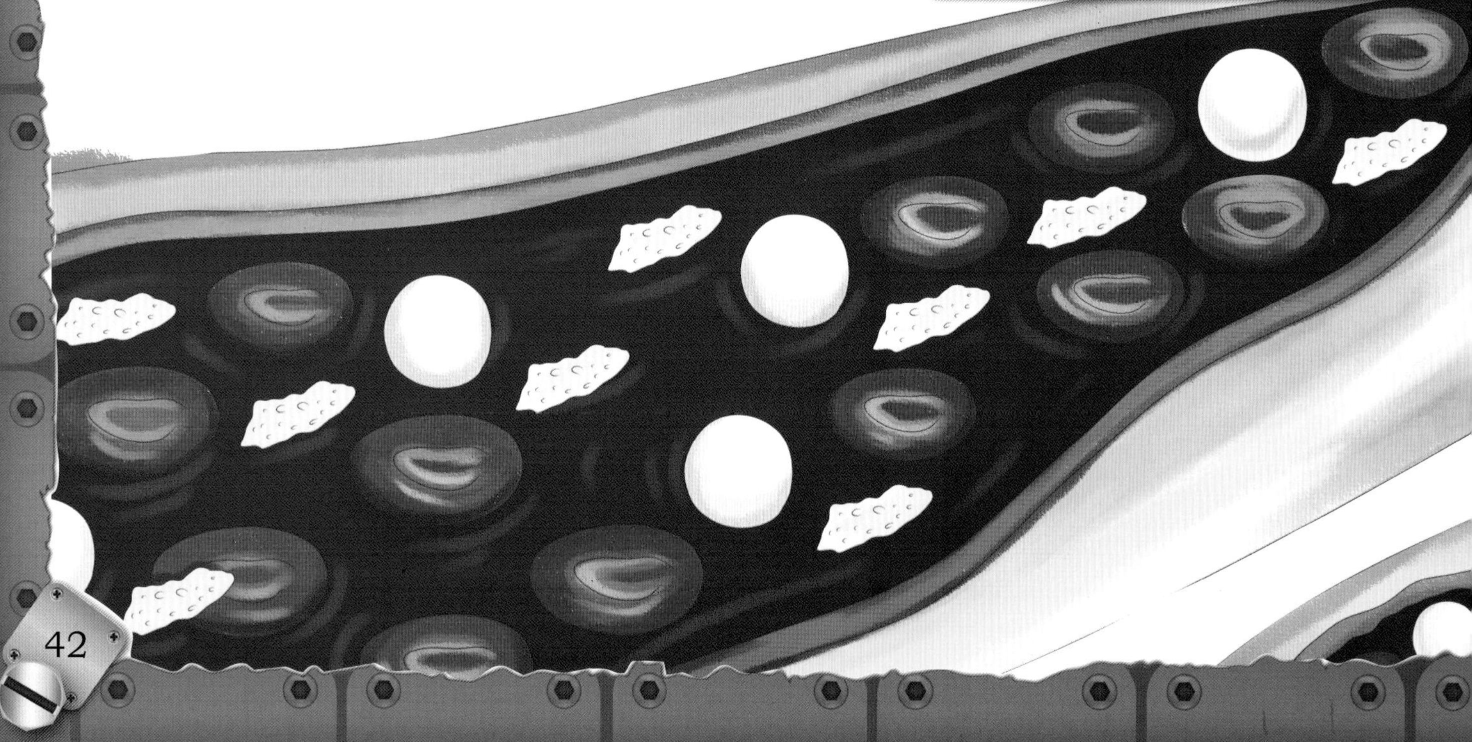

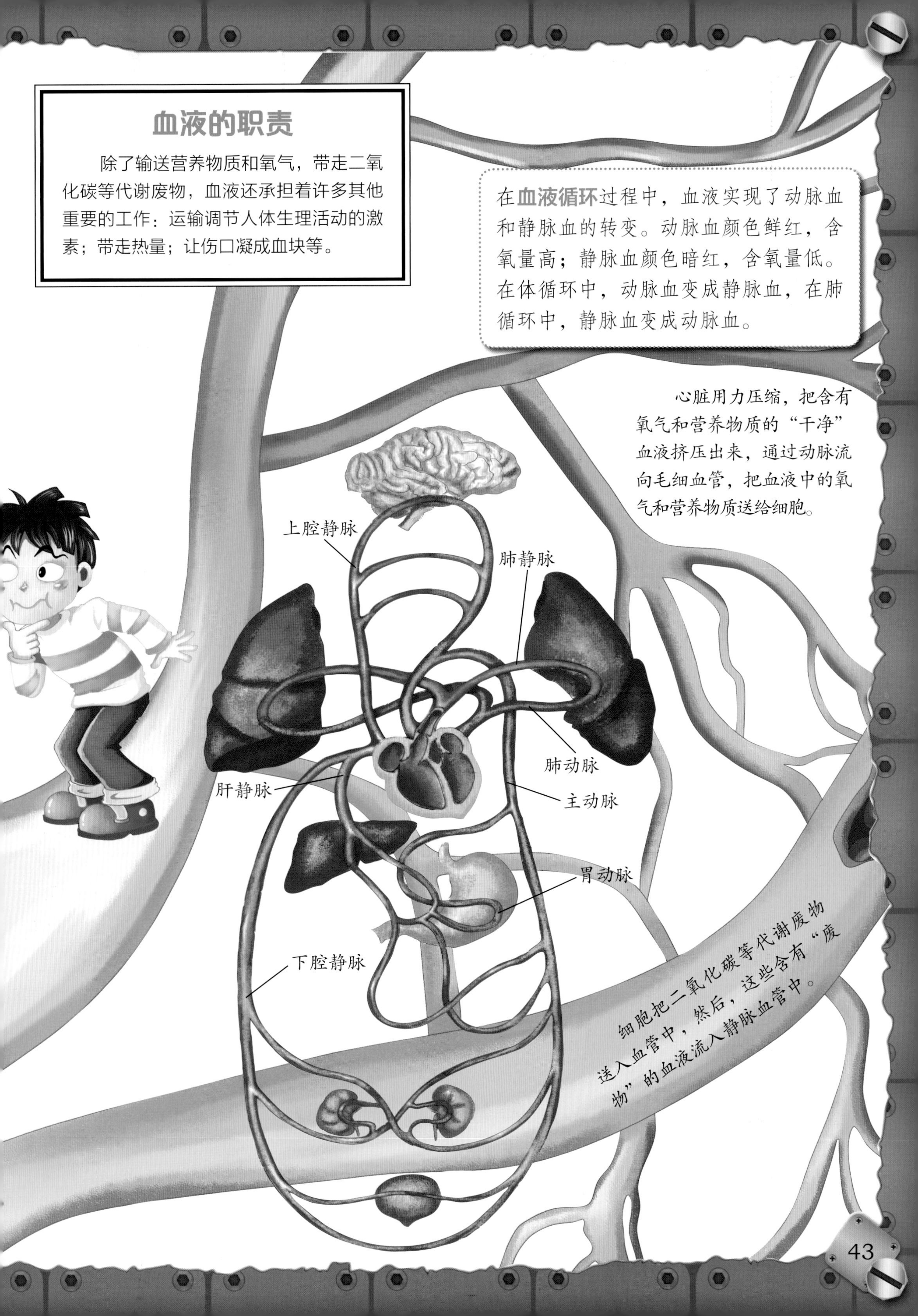

血液的职责

除了输送营养物质和氧气，带走二氧化碳等代谢废物，血液还承担着许多其他重要的工作：运输调节人体生理活动的激素；带走热量；让伤口凝成血块等。

在**血液循环**过程中，血液实现了动脉血和静脉血的转变。动脉血颜色鲜红，含氧量高；静脉血颜色暗红，含氧量低。在体循环中，动脉血变成静脉血，在肺循环中，静脉血变成动脉血。

心脏用力压缩，把含有氧气和营养物质的“干净”血液挤压出来，通过动脉流向毛细血管，把血液中的氧气和营养物质送给细胞。

细胞把二氧化碳等代谢废物送入血管中，然后，这些含有“废物”的血液流入静脉血管中。

血液的组成

血液是流淌在人体内的红色液体，主要包括血浆、红细胞、白细胞和血小板，红细胞可以提供氧气，白细胞能够吞噬人体内的病菌，血小板能让伤口快速愈合。除此之外，血液中还含有无机盐、酶等营养成分。成年人体内大约有5000毫升血液，它是维持生命的基本保证，血液一旦流失过多，得不到及时补充，人就可能会死亡。

血小板是一些细胞小碎片，当人体受伤出现伤口时，血小板可以凝聚起来，阻止血液的流失。

红细胞中含有大量的血红蛋白，能运送氧气和二氧化碳。红细胞体积很小，伸缩性也很好，能沿着毛细血管到达身体的各个部位。

白细胞能够穿过毛细血管壁，消灭人体内的有害细菌。

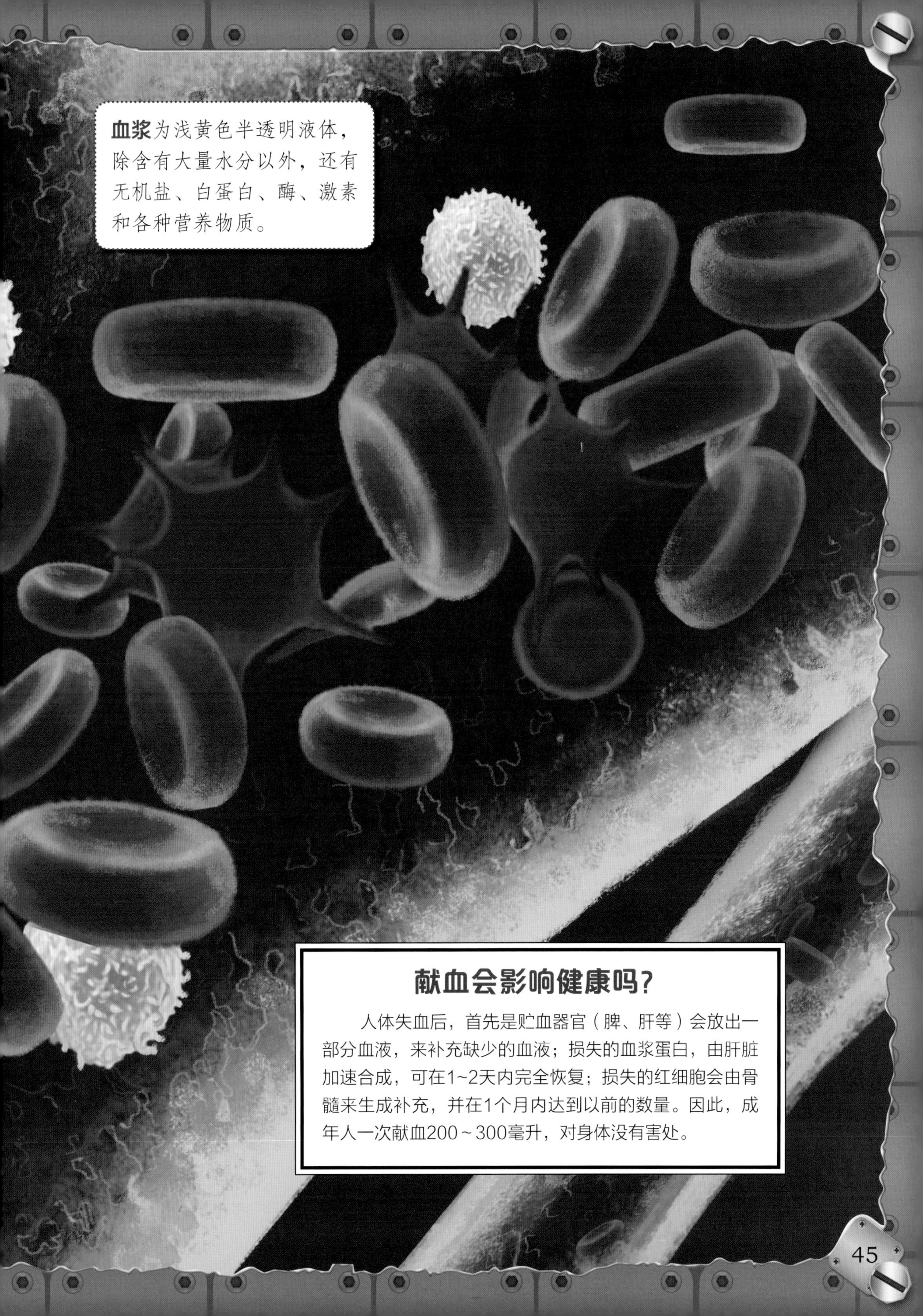

血浆为浅黄色半透明液体，除含有大量水分以外，还有无机盐、白蛋白、酶、激素和各种营养物质。

献血会影响健康吗？

人体失血后，首先是贮血器官（脾、肝等）会放出一部分血液，来补充缺少的血液；损失的血浆蛋白，由肝脏加速合成，可在1~2天内完全恢复；损失的红细胞会由骨髓来生成补充，并在1个月内达到以前的数量。因此，成年人一次献血200～300毫升，对身体没有害处。

动脉和静脉

我们的身体里分布着密密麻麻的血管，它们分成动脉和静脉两种。主动脉起于左心室，它有很多的分支，就像枝叶一样，可以把富含氧气的血液送到全身，保证组织器官的生理活动。组织器官会用掉血液中的大部分氧气和营养物质，然后排出二氧化碳和无机盐，而散布全身的静脉则会把这些血液收集起来，送回到心脏，再由肺动脉送到肺部，产生新的含氧血。

静脉会把全身含有二氧化碳的血液输送回心脏。在四肢静脉内有静脉瓣，由血管内膜向管腔内突出而形成，它能够防止血液倒流，保证四肢的血液都流入心脏。

动脉负责向全身输送血液，内部压力很大，管壁较厚。

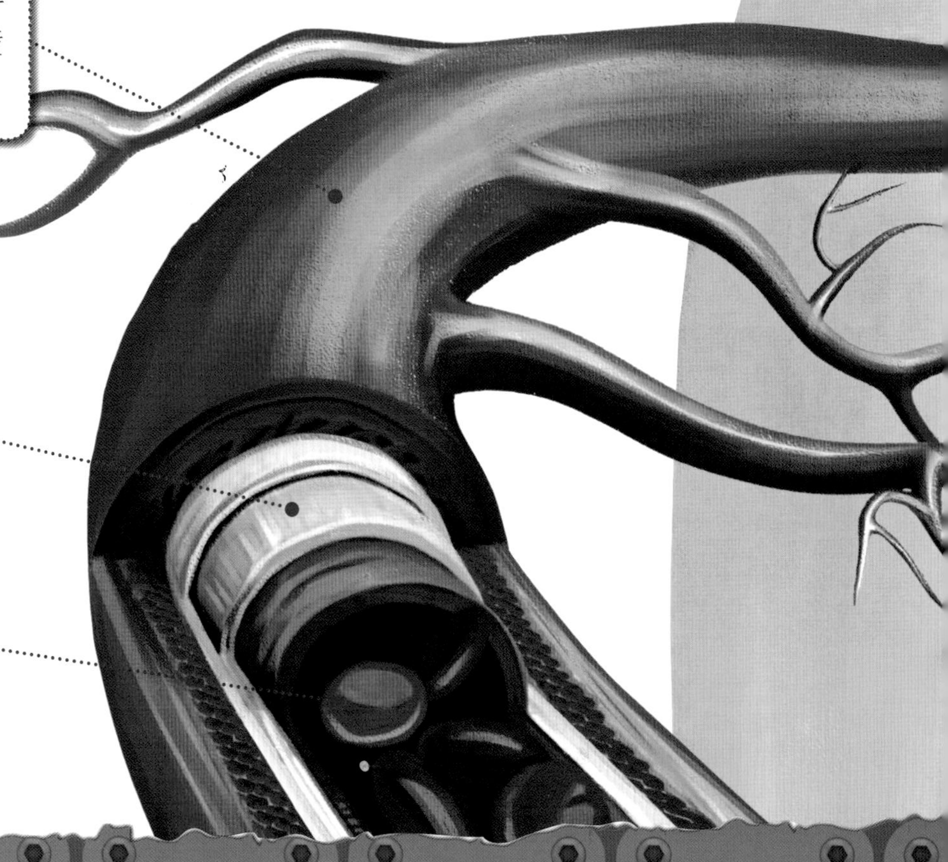

动脉壁有3层被膜，分别是外膜、中膜和内膜。

动脉里流淌着富含氧气和营养物质的血液，血液颜色鲜红。

你知道吗？

动脉硬化是动脉的一种非炎症性病变，可使动脉管壁增厚、变硬，失去弹性。高血压、高血脂症、抽烟是引起动脉硬化的三大危险因素，此外，动脉硬化与肥胖、运动不足、脾气暴躁等也有关系。

到皮肤下面看一看

皮肤是身体的一件“多功能外衣”，它可以吸收太阳光中的紫外线，防止水和细菌侵入人体，还能通过排汗调节体温。皮肤上还长满了细小的毛发，当人体感到寒冷时，会出现一个个的“鸡皮疙瘩”，另外，皮肤也有生老病死，死亡后的皮肤会变成皮屑脱落下来。

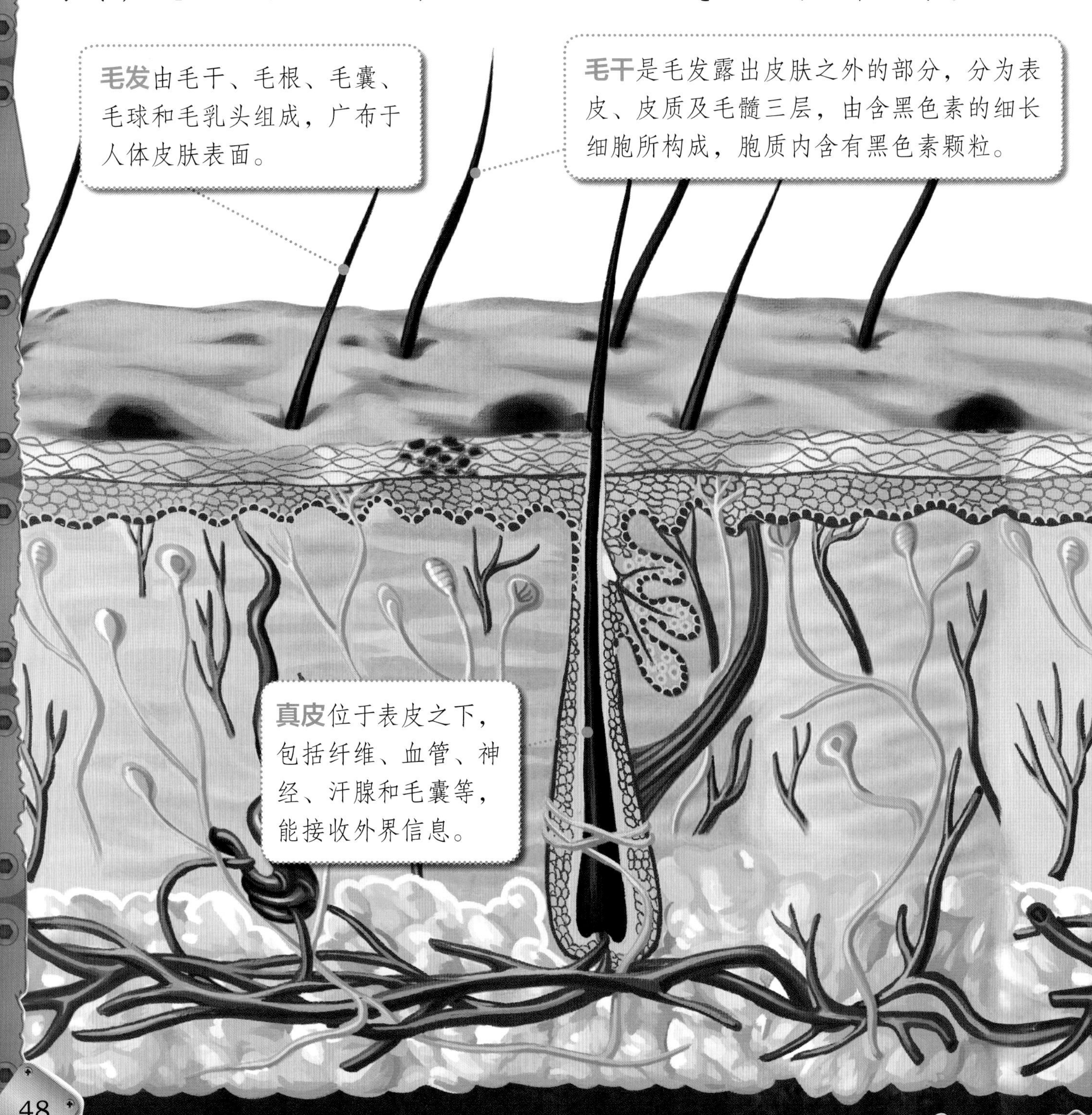

毛发由毛干、毛根、毛囊、毛球和毛乳头组成，广布于人体皮肤表面。

毛干是毛发露出皮肤之外的部分，分为表皮、皮质及毛髓三层，由含黑色素的细长细胞所构成，胞质内含有黑色素颗粒。

真皮位于表皮之下，包括纤维、血管、神经、汗腺和毛囊等，能接收外界信息。

带鳞片的毛发

每根毛发的外表都包裹着鳞片，一根头发的生长速度为每周3毫米，色深、较粗的毛发生长速度要快于浅颜色、纤细的头发。一根头发可以在自行脱落并被新头发取代之前持续生长5年之久，而睫毛只能持续生长10周。

毛发不会永远长在身体上，它们生长一段时间后，就会**脱落**，毛囊也借此机会“休息”一下，然后再长出新的毛发。

汗腺位于皮下组织的真皮网状层，可以分泌汗液，调节体温。

皮脂腺位于真皮内，靠近毛囊，能分泌皮脂润滑皮肤和毛发，青春期后分泌旺盛。

感知光线的眼睛

我们每天看书，都离不开眼睛。眼睛是人体的感觉器官，它会通过光让外界的事物在视网膜上成像，在那里，图像会被转化成信号传递到大脑。大脑对信号进行处理，就会转化成一幅幅景象，我们也就能看到了。眼睛看东西受到光线的影响，当光线变暗时，我们看到的东西就会模糊。

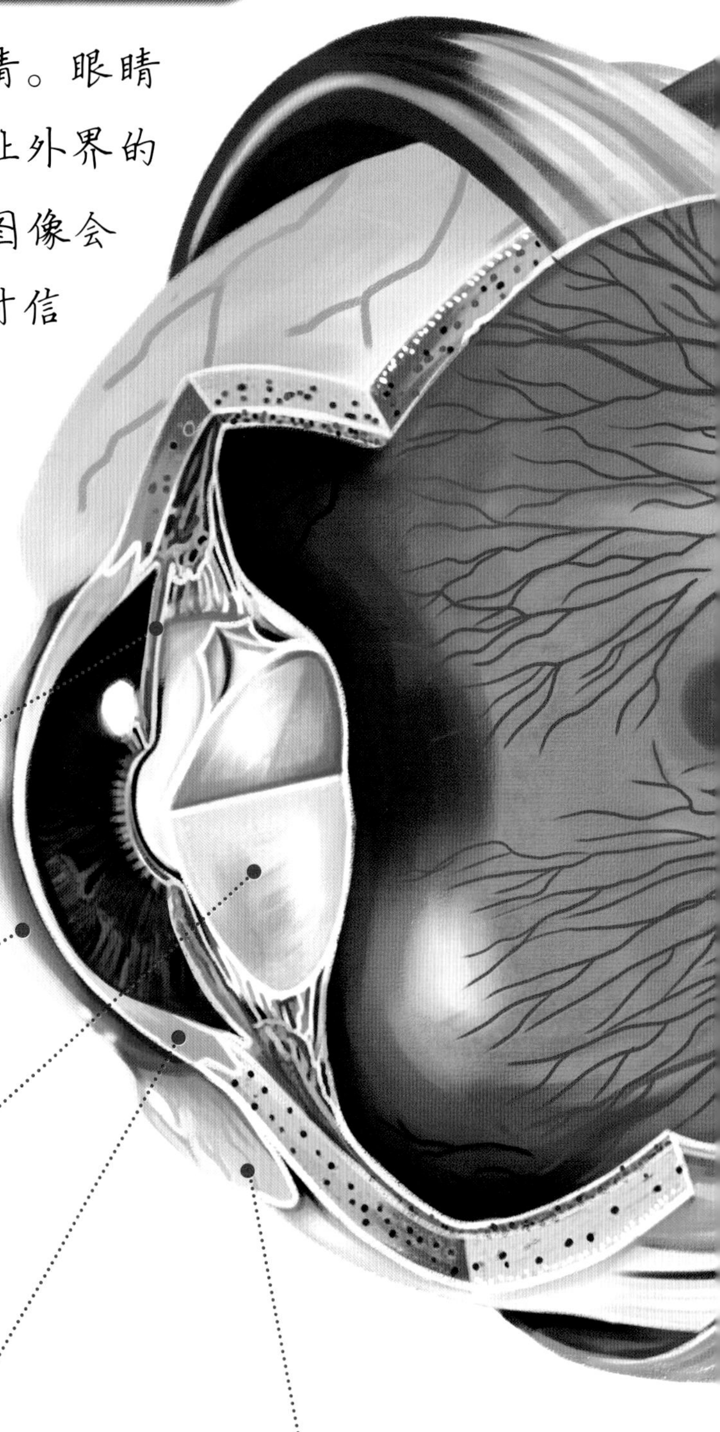

虹膜就像鸡蛋壳一样，保护着大部分的眼球，其余部分被角膜覆盖。虹膜是瞳孔旁的一圈肌肉，它的开闭控制着经瞳孔进入眼睛的光线的多少。

一个人的两只**眼球**包含了身体大约70%的感受器。

晶状体紧靠虹膜后面，是一个水晶一样的透明组织，它的形状可以改变，这样既能让光线通过，又可以使远近物像聚集。

角膜呈弧形，在眼球的最外层，是光线进入眼睛的窗口，同时起着保护眼球的作用。角膜可以折射进来的光线，通过调节晶状体的形状，让远处或近处的景物成像。

巩膜是眼睛中的眼白部分，它的前部与角膜相连，质地坚韧。

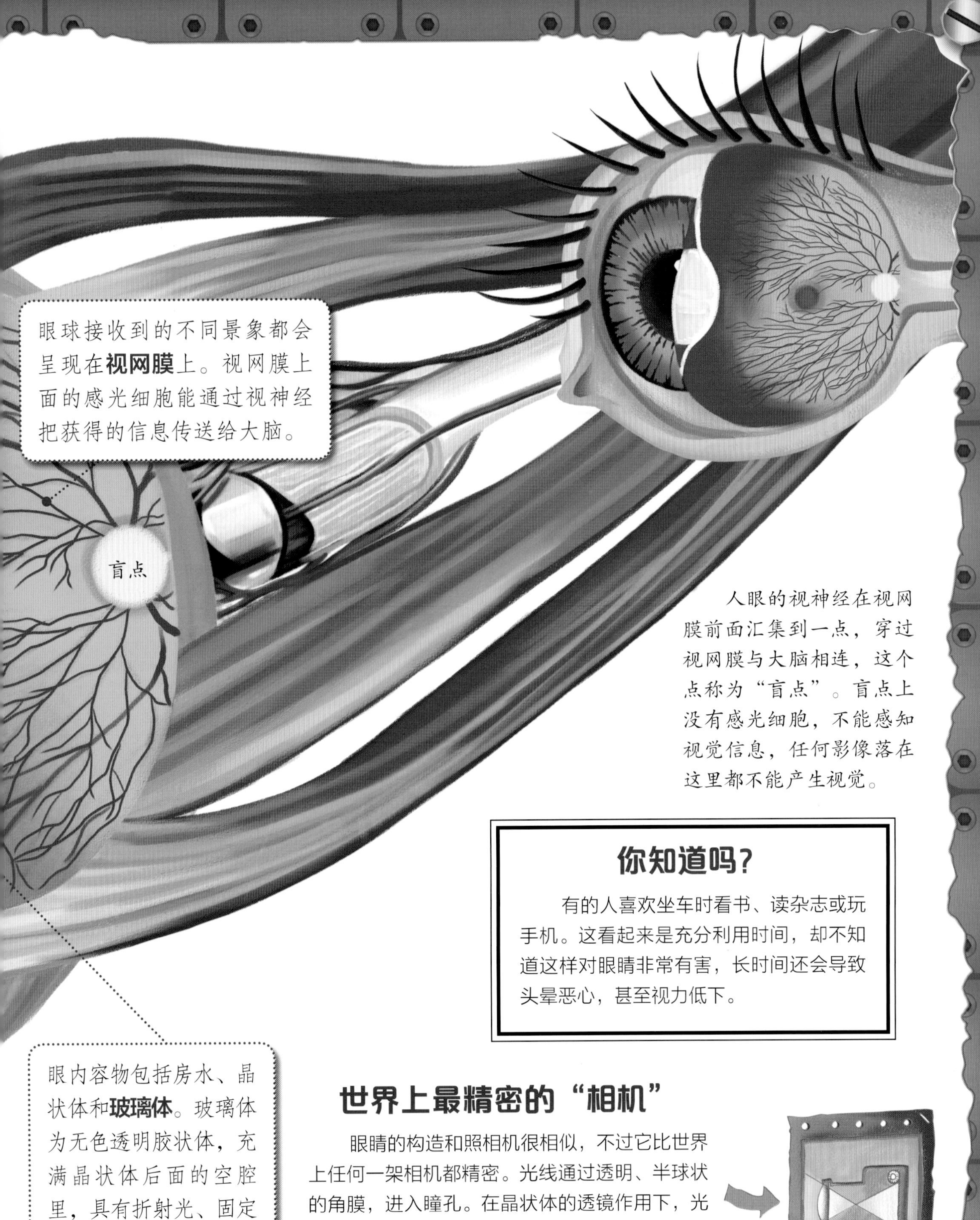

眼球接收到的不同景象都会呈现在**视网膜**上。视网膜上面的感光细胞能通过视神经把获得的信息传送给大脑。

人眼的视神经在视网膜前面汇集到一点，穿过视网膜与大脑相连，这个点称为“盲点”。盲点上没有感光细胞，不能感知视觉信息，任何影像落在这里都不能产生视觉。

你知道吗？

有的人喜欢坐车时看书、读杂志或玩手机。这看起来是充分利用时间，却不知道这样对眼睛非常有害，长时间还会导致头晕恶心，甚至视力低下。

眼内容物包括房水、晶状体和**玻璃体**。玻璃体为无色透明胶状体，充满晶状体后面的空腔里，具有折射光、固定视网膜的作用。

世界上最精密的“相机”

眼睛的构造和照相机很相似，不过它比世界上任何一架相机都精密。光线通过透明、半球状的角膜，进入瞳孔。在晶状体的透镜作用下，光线折射到眼球后部的视网膜上，形成清晰、轮廓鲜明的图像。视网膜上的影像其实是倒立的，不过大脑接收信息时，会把它“正”过来。

声音探测器——耳朵

下雨天的雷声，有人喊我们的名字，森林里一只动物的咆哮，能听到这些都离不开耳朵的帮助。耳朵能够接收声波，声波沿着外耳道传入，然后震动鼓膜，鼓膜再把信息传给耳蜗和大脑。在大脑的听觉中枢，信息会被翻译成我们能理解的词语、音乐和其他声音，这样我们就能听到了。

我们平时看到的耳朵其实是**耳郭**，它有一个大门叫外耳门，可以收集外界传来的声波。

外耳道是一条自外耳门至鼓膜的弯曲管道，长约2.5~3.5厘米。

外耳道里广布纤毛，能粘住脏东西和灰尘，阻止小虫子的进入。

听小骨是人体中最小的骨，左右耳各3块，分别是锤骨、砧骨和镫骨，它们大部分位于上鼓室内。

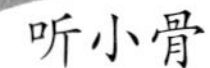

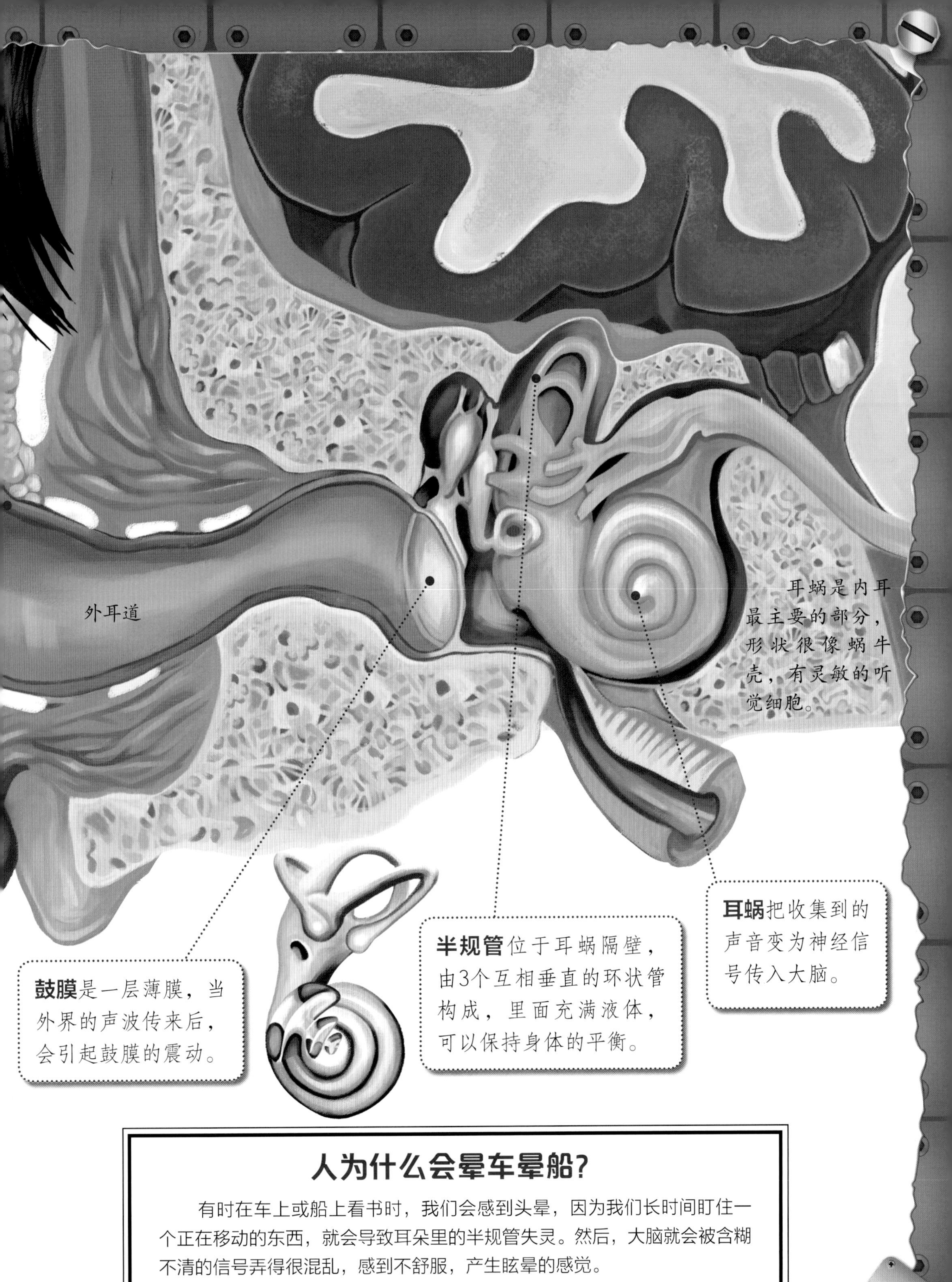

人为什么会晕车晕船?

有时在车上或船上看书时，我们会感到头晕，因为我们长时间盯住一个正在移动的东西，就会导致耳朵里的半规管失灵。然后，大脑就会被含糊不清的信号弄得很混乱，感到不舒服，产生眩晕的感觉。

探测气味的鼻子

花草清新的香气、食物诱人的气味，还有垃圾散发的令人讨厌的恶臭……我们的鼻子时时刻刻都在向我们发送着不一样的信号。我们看不到那些飘浮在空气中构成气味的细微颗粒，但是我们的鼻子能闻到它们。鼻子可能比你想象的更敏感，它能感知一万亿种不同的气味。它就像一个气味监测中心，能提醒我们食物是否已经变质，这也是为什么我们总是习惯性地闻一闻碗里剩菜的气味。

嗅觉的产生是人体对气味产生反应的过程。浮在空气中的散发气味的微粒被吸入鼻内，接触到嗅区黏膜，就会溶解在嗅腺分泌的液体中，刺激嗅神经细胞产生神经冲动，经过嗅神经传送到大脑嗅觉中枢，嗅觉就产生了。

嗅球是嗅细胞的神经纤维缠集在一起，形成的类似毛线球状的组织。一般认为它在嗅味的辨别中具有重要的功能。

看鼻子里面的构造

鼻窦在鼻腔周围的骨骼里，能平衡鼻腔中的气压，与我们的发音产生共鸣。

鼻腔是鼻子中空部分，由鼻中隔将它隔成左右两边。

鼻前庭是鼻腔前半部，有鼻毛、鼻黏膜。

嗅觉区是鼻腔顶端的组织，充满嗅觉细胞，可将外界的气味传给大脑。

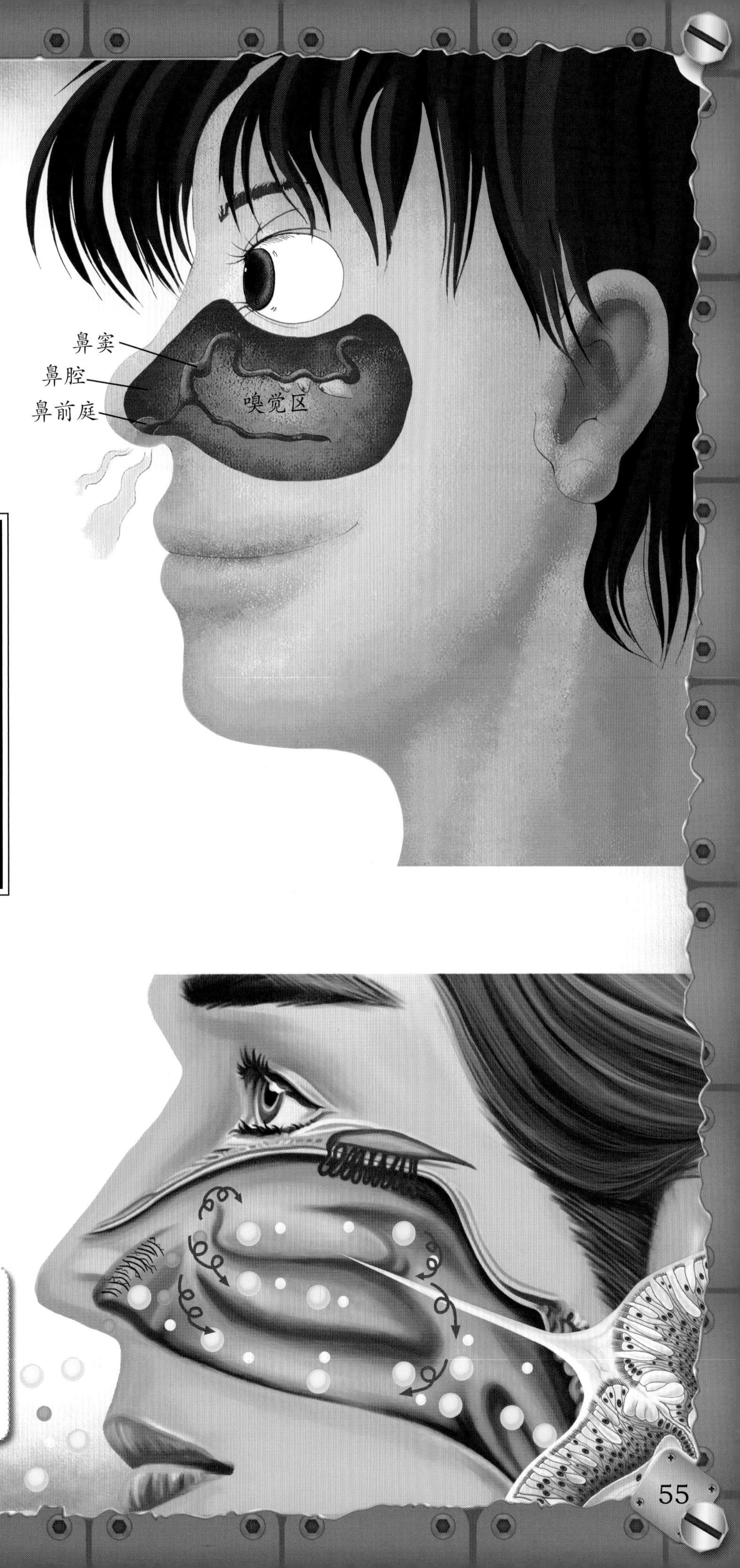

气味消失了吗？

我们在一个充满强烈气味（如樟脑丸气味）的房间里待久了，就感觉这种气味仿佛消失了。这是怎么回事呢？其实，这叫作嗅觉迟钝。这是因为接收这种气味的部分嗅细胞疲劳了，或者脑关闭了从这种嗅细胞传来的信号。

为什么哭的时候会流鼻涕？

鼻子和眼睛中间有一条相通的鼻泪管，平常眼泪就是由这条管道流入鼻腔中，里面的纤毛会将眼泪和鼻腔黏液一同扫入喉咙。若是眼泪过多，纤毛来不及摆动，泪水就跟着鼻涕从鼻腔流出来了。

人类有几百万个**嗅细胞**，狗的嗅细胞数量是人类的30~40倍，因此对气味的感觉比人类要灵敏得多。

传递信息的脊髓

脊髓位于人体的椎管内，上端和大脑相连，是人体信息传递的“公路”。当我们想做一件事情时，大脑就会下达执行的指令，这个命令先传递到脊髓，脊髓再通过两旁的脊神经，将指令送到相应的皮肤、肌肉或者其他组织，从而来完成人体想要完成的活动。

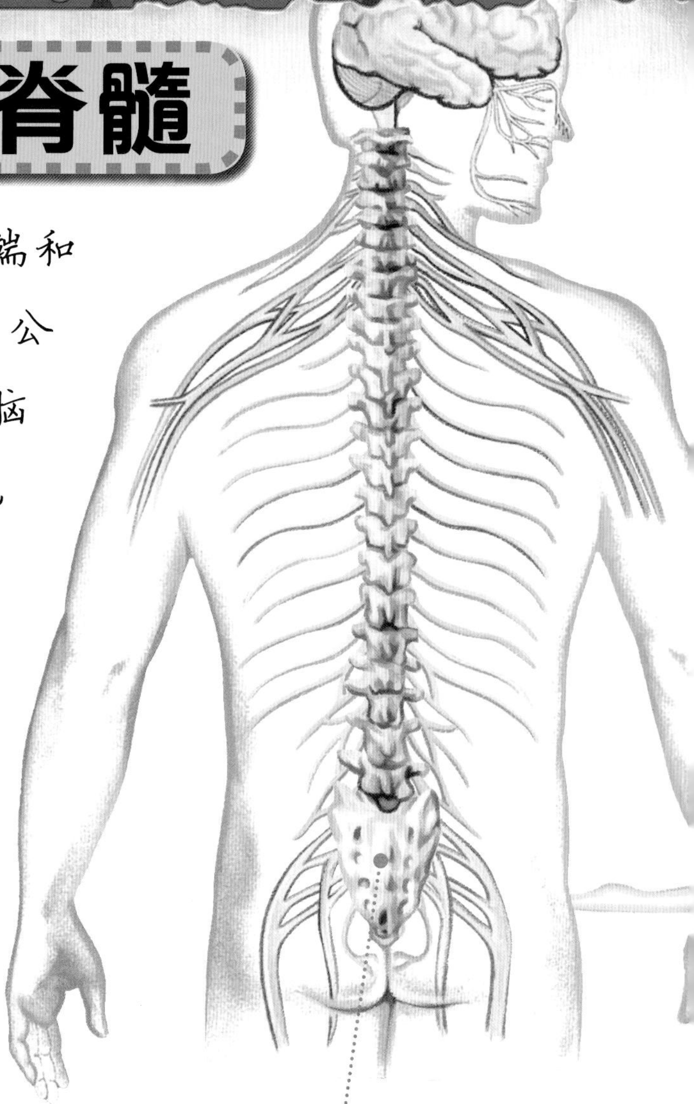

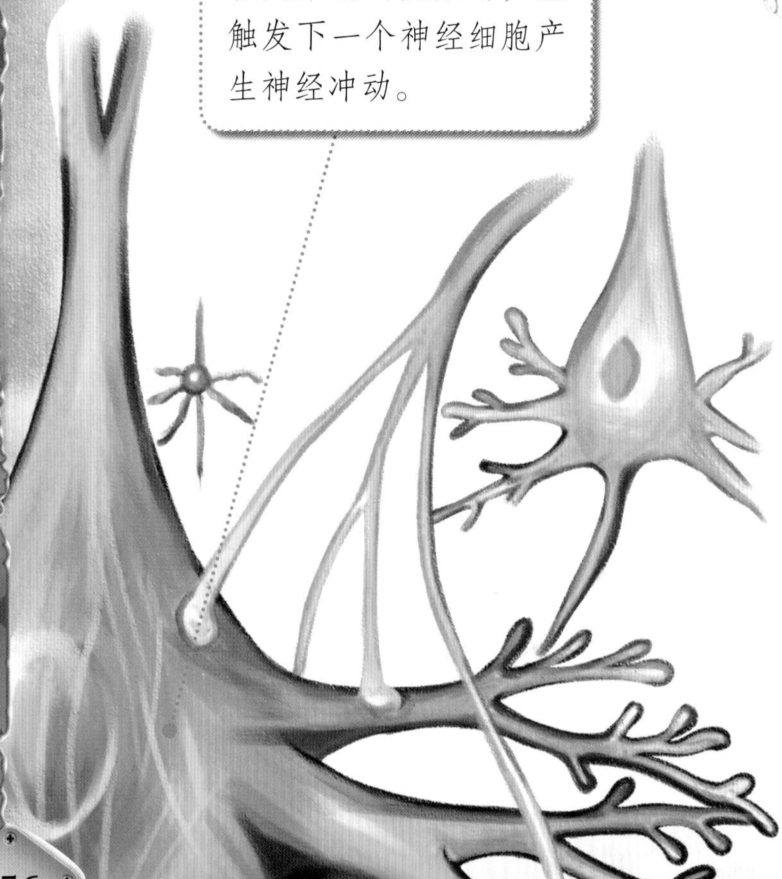

神经冲动沿着神经元传递，当它们到达神经元轴突末端的突触时，就触发下一个神经细胞产生神经冲动。

脊髓不仅可以向全身传递大脑的信息，还可以将来自四肢、躯干和大部分内脏器官的刺激，传递到人体的大脑。大脑在接收到信息后，再回传信息，让人体做出相应的活动。

你知道吗？

周围神经是指脑和脊髓以外的所有神经，它遍布人体各处，是重要的“情报传递站”。它会收集各种信息，传递到中枢神经，然后再把中枢神经下达的指令，传送到人体的各个器官。

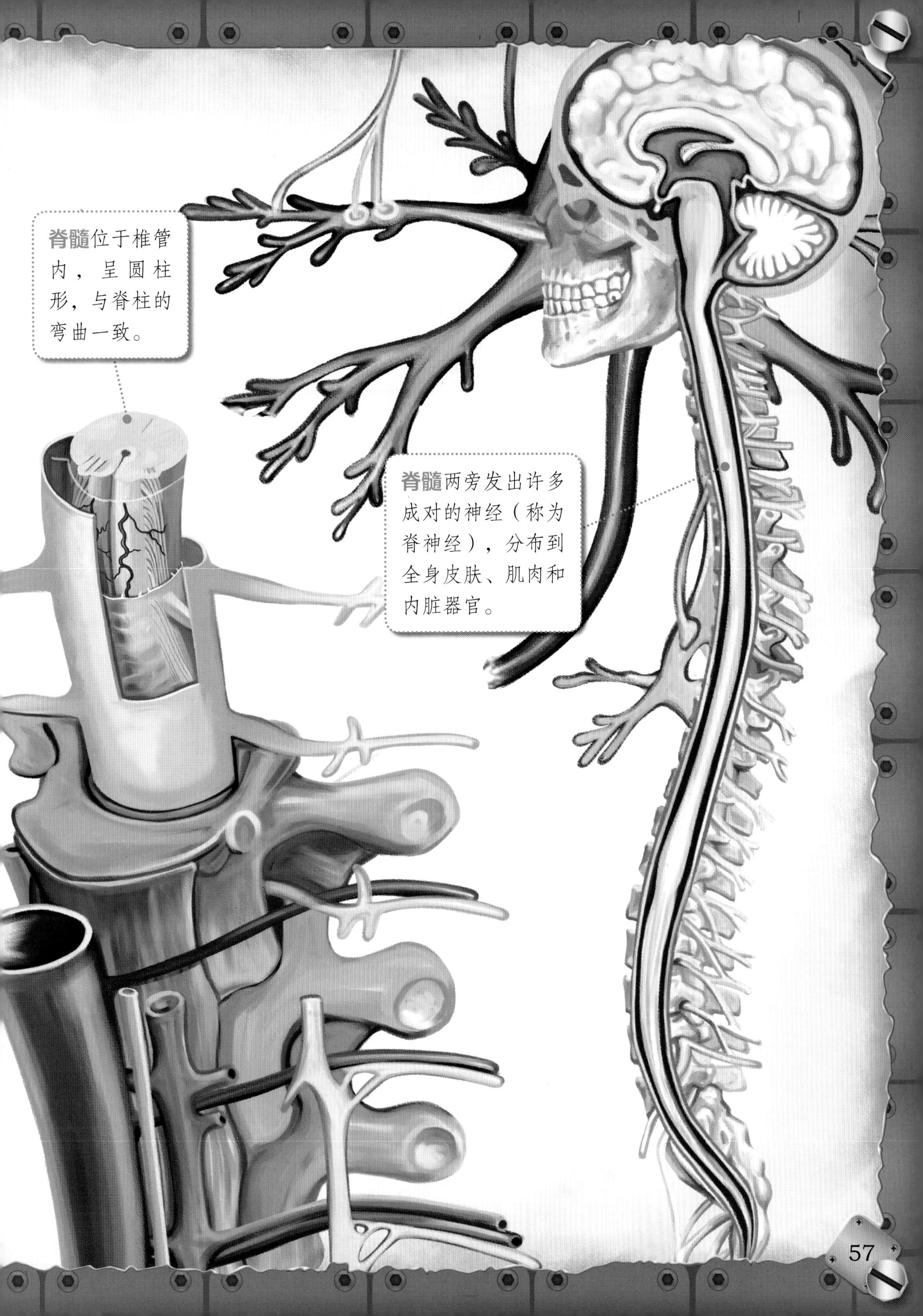
脊髓位于椎管内，呈圆柱形，与脊柱的弯曲一致。
脊髓两旁发出许多成对的神经（称为脊神经），分布到全身皮肤、肌肉和内脏器官。

人体的最高指挥中心——脑

有人把我们的身体比喻成一个军队，每一个细胞就是这个军队中的一分子，不用说，这个军队的庞大是惊人的。见识过军队演练的人都知道，军队不能缺少指挥官。那么，我们身体的这支军队，也有指挥官吗？不错，那就是我们的脑。我们平常称脑为大脑，但事实上，脑包括了大脑、小脑和脑干等，各部分都有精细而复杂的分工。人类的一切智慧都集中在这里。这里究竟是什么样子呢？

协调运动的小脑

小脑在大脑的后下方，不仅负责人体的平衡感，还要依据大脑皮质运动区发出的命令，协调各部分肌肉完成动作。

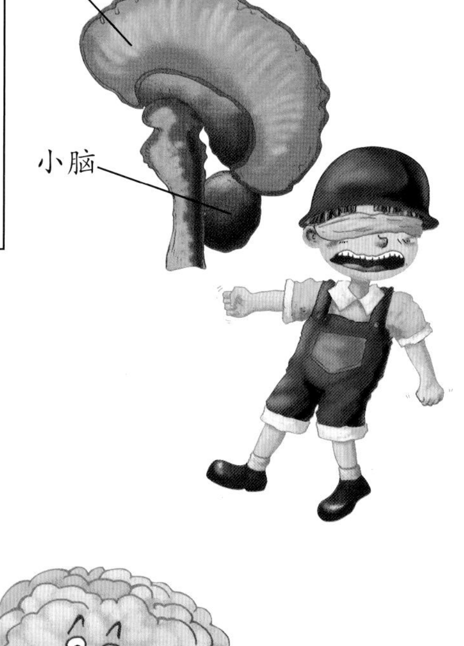

左脑和右脑的秘密

脑分为两部分，左半球是左脑，右半球是右脑，人的左右脑通过协作完成各项任务。左脑被称为“知性脑”，偏向理性思考，它掌管语言、逻辑、对信息进行分析和判断等能力。右脑比较偏向直觉思考，掌管创意、绘画、音乐等工作，所以被称为“艺术脑”。

脑是人体组织中最专门化的器官，它就像一台人体电脑，接收来自皮肤及身体外部、内部器官感受器的信息，并通过神经将信息反馈到身体各部分，使其产生相应反应。

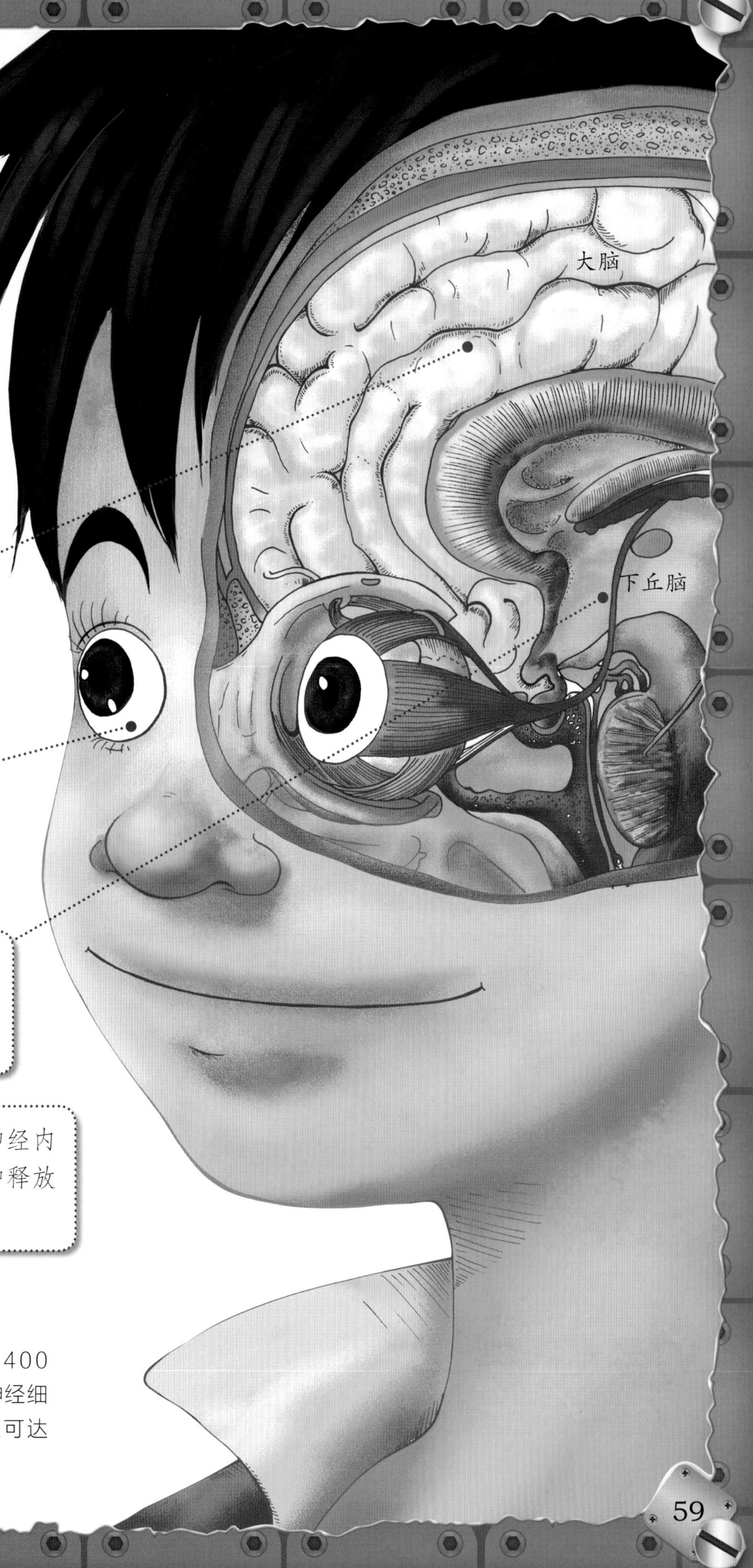

大脑是最大、最复杂的部分，它分成左右两半球，又细分为5个脑叶，即颞叶、顶叶、枕叶、额叶和岛叶。

眼、耳、舌及鼻子等**感觉器官**亦提供许多信息供大脑分析、记录。

丘脑及**下丘脑**是脑部两个重要的构造，位于两个脑半球之下的脑的基底部。

下丘脑与**脑下垂体**组成一个神经内分泌功能系统，它能合成多种释放激素和抑制激素。

让你惊奇的事实

一个成年人的大脑重量约为1400克，其中大脑皮质含有约140亿个神经细胞，沿着神经传递信息的最高时速可达400千米。

我们的**牙齿**虽然结实、坚硬，但仍需要定期进行正确的清洁。口中残留的食物会滋生细菌，这些细菌产生的酸性物质会腐蚀**牙釉质**，从而导致牙齿上出现孔洞，形成龋齿。随着龋齿洞越来越大，人也就会感到越来越痛。

坚硬的牙齿

比起舌头，我们更熟悉牙齿，从小父母就不断跟我们强调保护牙齿、刷牙的重要性。这是不是意味着，牙齿脆弱得不堪一击呢？错了。事实上，我们身体中最坚硬的部分就是我们用来咬碎食物的牙齿。现在，让我们深入到牙齿的内部，一起来发掘那些我们平常无法看见的奥秘吧！

牙齿也有感觉：当咬一口冰块或者喝一口很烫的热水的时候，我们会通过牙齿感觉到冰块很冷或热水很热。这是因为牙齿和皮肤一样，也是有感觉神经的，它会把感受到的温度随时发送给我们的大脑。

牙髓腔中包含了神经、血管、淋巴等组织，当它受到外界刺激时，会产生剧烈的疼痛。

牙釉质是牙冠外层白色的最坚硬的组织，它可以保护牙齿内部不受伤害。

牙本质是牙齿的主体，在里边有神经纤维。当它暴露在外时，就会感觉到外界的冷、热等刺激，从而引发疼痛。

牙齿从上到下分为牙冠、牙颈和牙根。

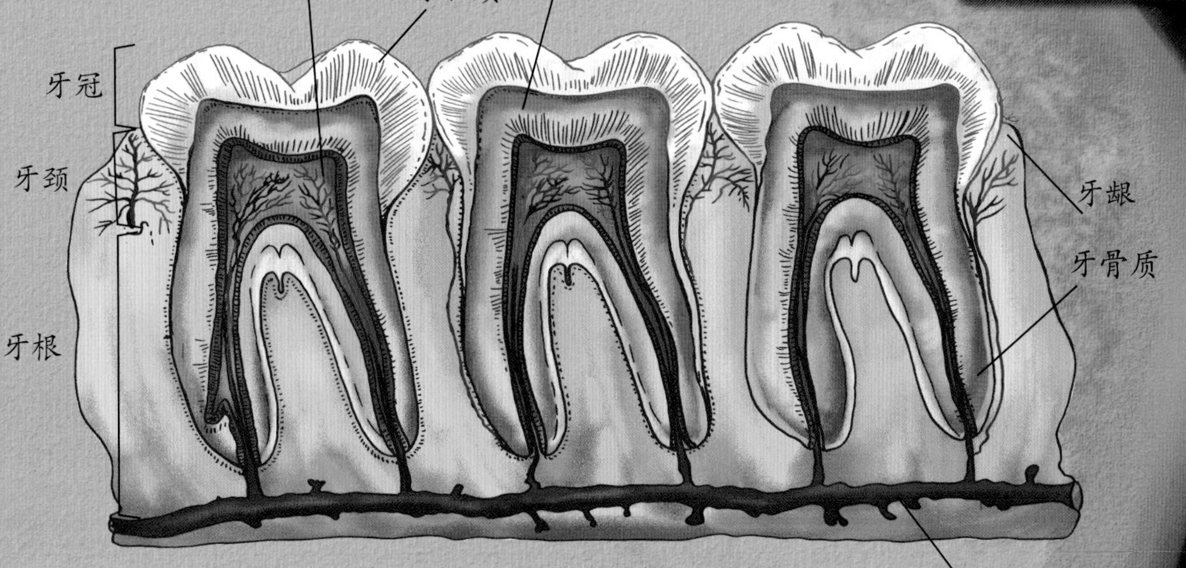

牙龈是长在牙颈周围的黏膜组织，一般呈粉红色，它包含很多血管和神经。

腔肠动物——水母

水母由伞状的主体和须状的触手组成，是一种形态万千，柔软优美的水生动物。早在6.5亿年前，恐龙还没有出现的时候，水母就已经存在了，它们属于腔肠动物，身体外壁由外胚层、内胚层和中胶层组成。内胚层围成身体的整个内腔，称为消化循环腔，腔肠一端是取食的口。水母的种类异常丰富，现在已知的就有约1000种，它们有的直径只有几厘米，有的直径能达到两米！一些特殊种类的水母颜色鲜艳，还能发出微弱的亮光，漂浮在水面上，非常美丽。

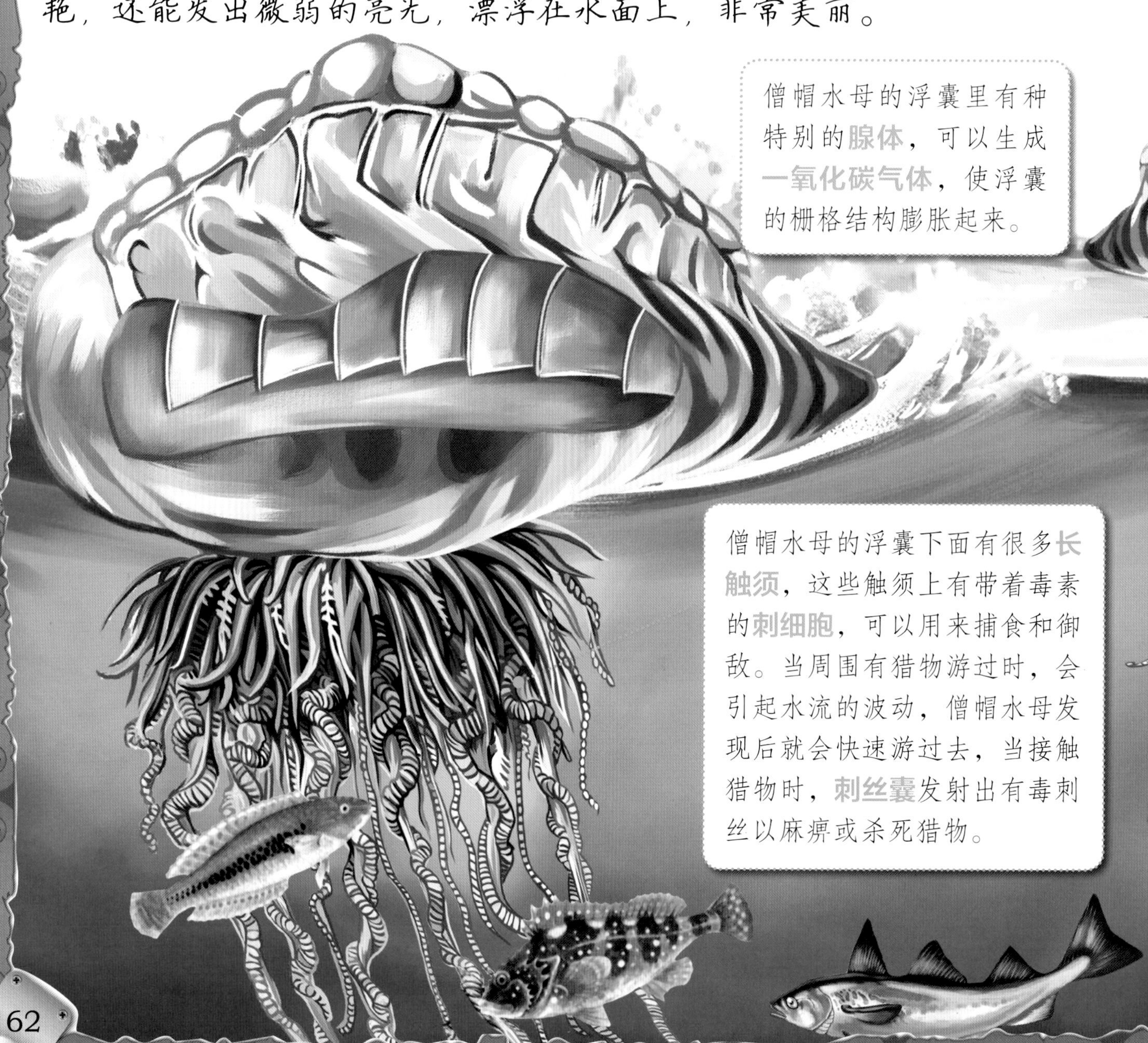

僧帽水母的浮囊里有种特别的**腺体**，可以生成**一氧化碳气体**，使浮囊的栅格结构膨胀起来。

僧帽水母的浮囊下面有很多**长触须**，这些触须上有带着毒素的**刺细胞**，可以用来捕食和御敌。当周围有猎物游过时，会引起水流的波动，僧帽水母发现后就会快速游过去，当接触猎物时，**刺丝囊**发射出有毒刺丝以麻痹或杀死猎物。

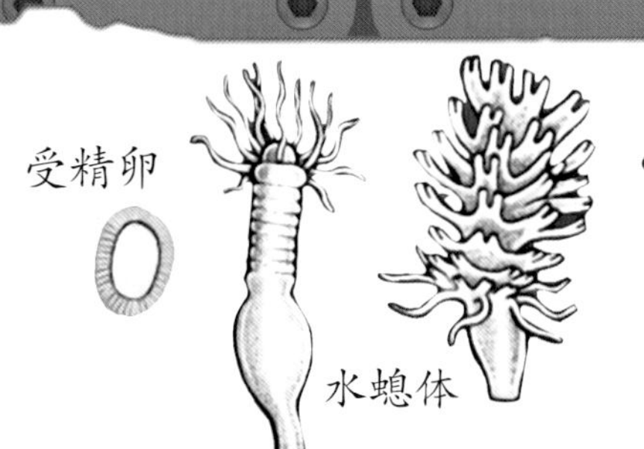

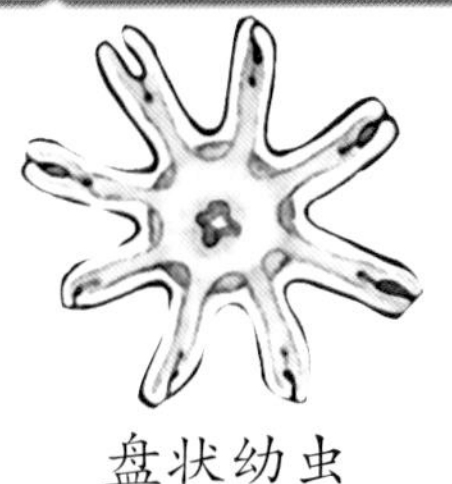
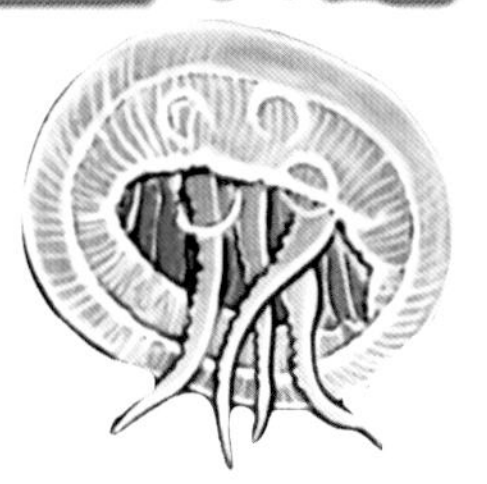

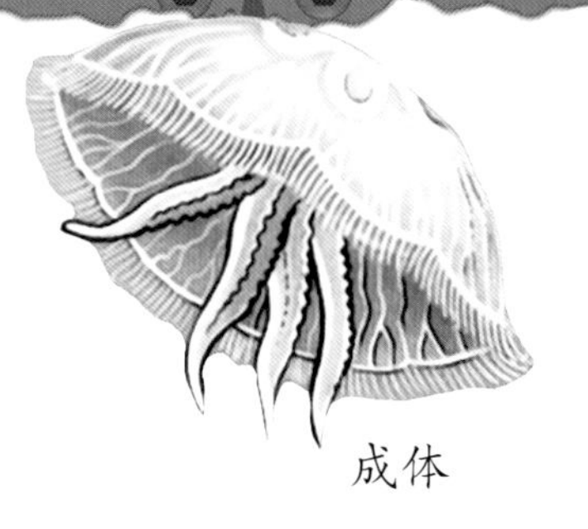

水母的**受精卵**先发育成**幼虫**，离开母体在水中漂浮一段时间后，沉入海底形成幼体，最后变成**水螅体**。水螅体分成几个**盘状幼虫**，然后逐渐发育成**水母成体**。

特殊的耳朵

水母的触手中间有一个细柄，细柄上有一个小球，小球里是一个小小的听石，这就是水母的耳朵。这个特殊的耳朵可以根据空气的摩擦和海浪的冲击提前预知天气。

僧帽水母的浮囊上有发光的膜冠，能自行调整方向，并借助风力像帆船似的在水面漂行。

身体：水母的身体主要成分是水，体内含水量可达98%。

伞面：水母身体向外突出的一面称为上伞面，凹入的一面称为下伞面。

触手：水母的伞面下是须状的触手，看起来非常柔软。

环节动物——蚯蚓

蚯蚓喜欢生活在潮湿的泥土中，它们的身体非常柔软，属于没有骨头的无脊椎动物，它们在地下造出很多条细长的洞穴，这些洞穴就像长廊一样，纵横交错着，蚯蚓就舒舒服服地生活在里面。当遇到下大雨的时候，洞穴里就会灌满雨水，这时蚯蚓就会爬到地面上来。蚯蚓白天在洞穴里休息，到了晚上才会出来觅食。蚯蚓的食谱非常丰富，有腐败的落叶、动物的粪便和土壤真菌等。一些食物会被马上吃掉，还有一些则会被蚯蚓拖进洞中，慢慢享用。蚯蚓的粪便中含有很多的无机盐，可以让土壤变得肥沃，让农作物生长得更旺盛。

蚯蚓的药用价值

蚯蚓含有丰富的蛋白质，可以用作水产养殖的饲料，这不仅可以降低成本，而且还能增加鱼类和虾蟹的产量。另外，蚯蚓在经过处理后，还可以用作中药，用来治疗多种疾病。

蚯蚓的体节：蚯蚓的身体呈圆筒形，大多数体节中间有刚毛，在爬行时可以起到支撑和辅助运动的作用。

消除环境污染

蚯蚓的体内有多种特殊的酶，可以分解蛋白质、脂肪和木质纤维，因此树叶、稻草、禽类粪便、餐厨垃圾和造纸、食品工业的废料都可以作为蚯蚓的食料。蚯蚓通过消化吸收，让这些物质分解掉，可以在一定程度内消除环境污染。

环带：蚯蚓环带的主要作用是繁殖后代，蚯蚓的前端离环带比较近，而后端离环带的距离比较远。
泥土：潮湿的泥土是蚯蚓的理想生存环境。
表皮
环肌
纵肌
环节壁
排泄器官
背部血管
神经索
腹部血管
消化肠道：蚯蚓的体内只有一条消化肠道，从头到尾贯穿在一层层的隔膜中间。
刚毛
体腔
脑
神经索
抽节段血管

软体动物——蜗牛

蜗牛没有四肢，只能依靠身体下方分泌出来的黏液慢悠悠地往前挪动。蜗牛喜欢生活在潮湿的地方，而且它们无论走到哪里，都会背着自己的那个大“房子”——壳。蜗牛可以分泌一种生理黏液，从而将壳密封起来，当冬天来临的时候，蜗牛就会躲进壳里休眠，而不会被冻死。当天气变暖，气温适宜时，蜗牛就会苏醒，从壳里钻出来。一些生活在沙漠里的蜗牛，为了等待雨水的到来，常常会在壳里休眠三四年。

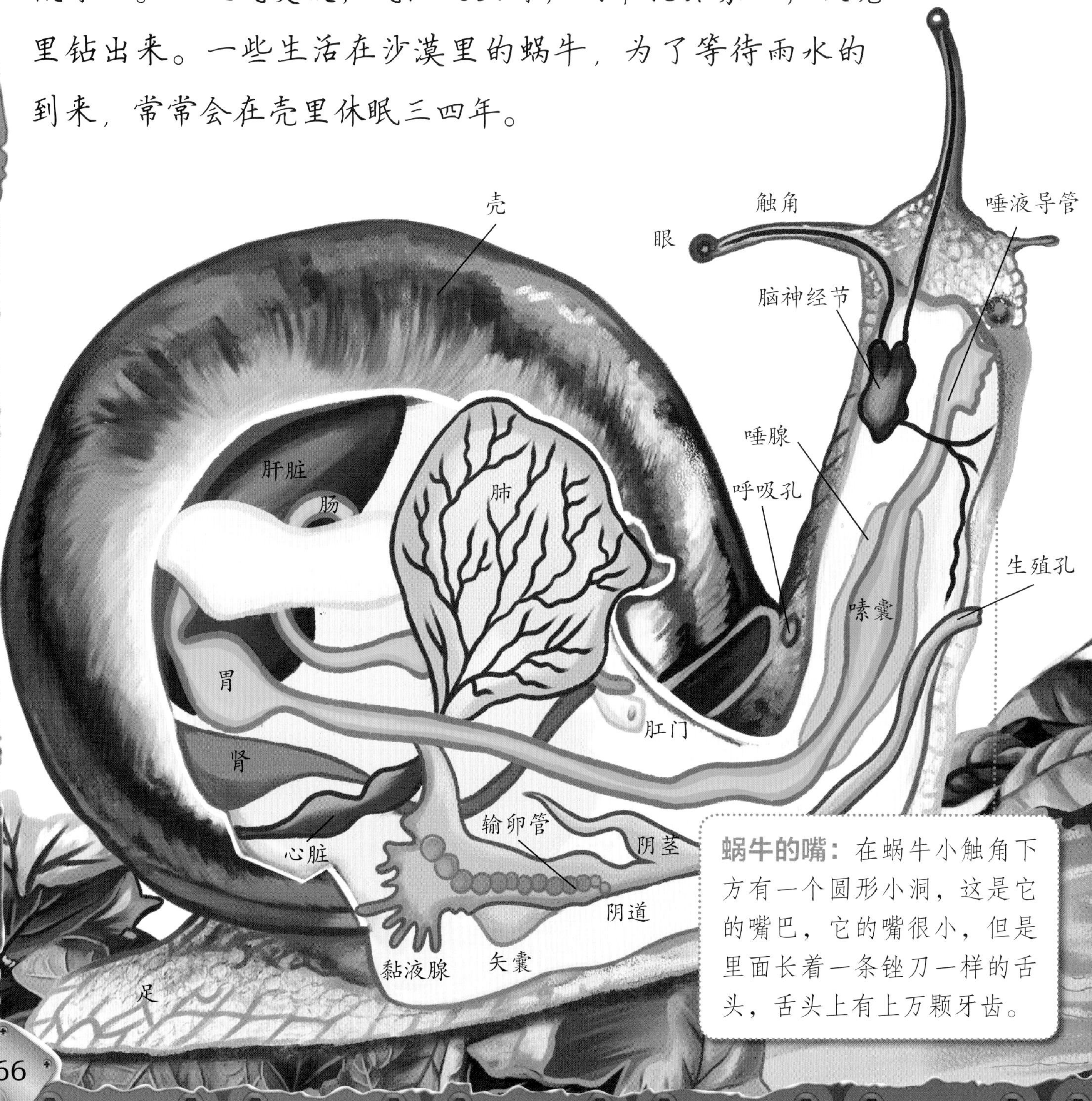

蜗牛的嘴：在蜗牛小触角下方有一个圆形小洞，这是它的嘴巴，它的嘴很小，但是里面长着一条锉刀一样的舌头，舌头上有上万颗牙齿。

蜗牛在产卵。
蜗牛的卵在地下慢慢孵化。
孵化出来的小蜗牛爬出巢穴。
蜗牛的身上长有一个坚硬的**外壳**，用来保护自己柔软的身体。
头上的触角：蜗牛的头部有两对敏感的触角，可以感知周围的环境。
蜗牛的“脚”：蜗牛在爬行的时候，依靠“脚”上的腺体来分泌黏液，从而可以让身体在干燥的地面和树干上畅通无阻。

节肢动物昆虫纲——蝗虫

蝗虫主要栖息在热带、温带的草地和沙漠中。别看蝗虫的个头小，它身上的装备可是十分精良呢。蝗虫具有“变色系统”，它可以根据栖息地的不同，呈现绿色、灰色或者褐色，以便于和生活环境融为一体。另外，蝗虫身上还有很多感受器，可以感受触觉，触角上则有嗅觉器官。一对复眼负责视觉，可以辨别物体的大小。后足非常强壮，适应在地面跳跃，从而逃离危险。蝗虫的呼吸比较特殊，它们的腹部有8个体节，从胸部到腹部的体节上分布着成对的气门，气门连接着身体的气管，气管再逐渐分支，和各个细胞联系，从而进行呼吸作用。

后足： 蝗虫的后足非常强壮，可以在地面上跳得很远。

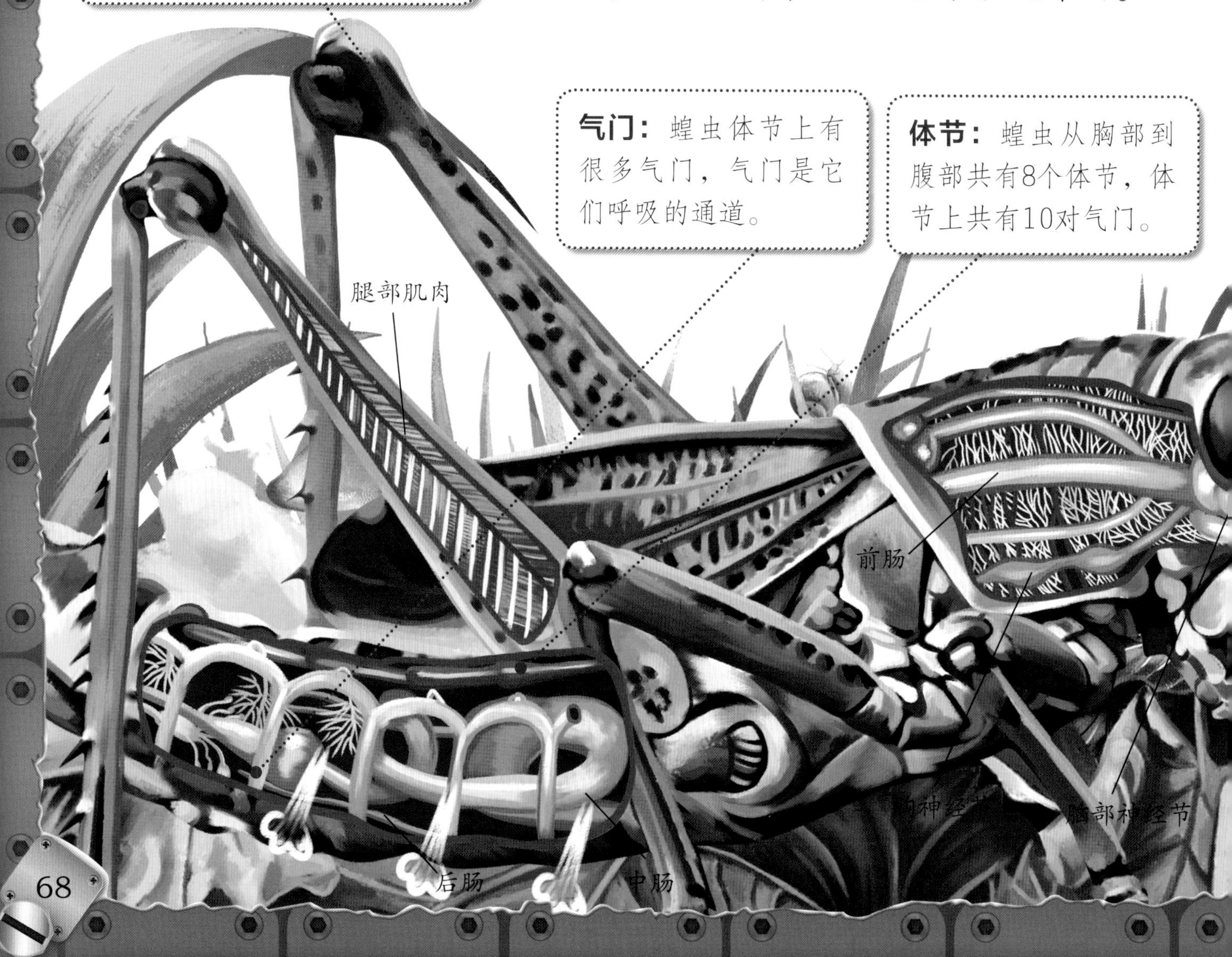

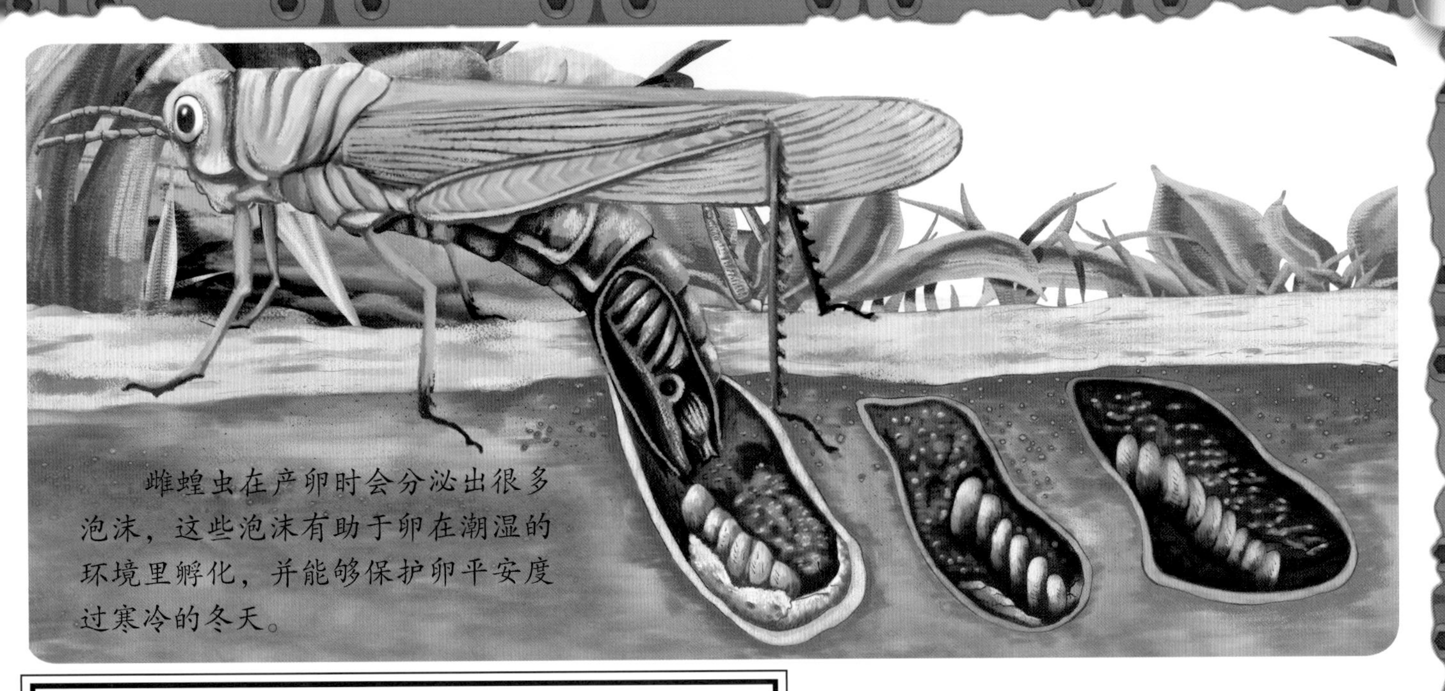

雌蝗虫在产卵时会分泌出很多泡沫，这些泡沫有助于卵在潮湿的环境里孵化，并能够保护卵平安度过寒冷的冬天。

蝗虫如何产卵？

雌蝗虫的卵巢在腹部，卵就是在这个地方形成的。雌蝗虫产卵时，可以把腹部拉伸成平时的3倍长。雌蝗虫尾部的产卵瓣不停地一开一合，直到在地上挖出一个洞，然后把卵产在里面。泥土可以使卵保持湿润，并保护它们不被其他动物吃掉。

沙漠蝗虫

沙漠蝗虫是一种非常可怕的蝗虫，它们主要分布在非洲。沙漠蝗虫一般是单独生活的，可是当沙漠出现降水时，更多的小蝗虫就会从地下钻出来。小蝗虫互相撞击，释放出一种信息素，于是大量的蝗虫开始往一个方向聚集。一周以后，这些小蝗虫就会快速长大，变成会飞的成虫，于是蝗灾就产生了。

复眼：蝗虫的头部两侧长有一对复眼，可以辨别物体的大小。

触角：蝗虫的头上有两个触角，它们不仅可以感受触觉，还有嗅觉。

“吸血鬼”——蚊子

蚊子是一种爱吸食血液的昆虫，所以我们给它冠以吸血鬼的称号。不过并不是所有蚊子都吸血，大多数种类的蚊子中只有雌蚊才吸血，雄蚊是不吸血的。蚊子广泛分布在世界各地，是病菌传播的主要载体。蚊子的繁殖能力很强，它们吸饱一次血就能产一次卵，一生能产卵6~8次，每次能产200多枚。蚊子喜欢把卵产在水中，因此水洼、池塘、沼泽、稻田都是蚊子主要的产卵地。温度适宜的话，短短两三天，幼虫就会从卵中爬出来，只是它们没有翅膀，长相也和成虫相差很多。一段时间后，幼虫会蜕皮化为蛹，从蛹中钻出来的就是蚊子成虫了。

特殊的感觉器官

蚊子虽然有眼睛，但它们咬人时并不依靠视力，而是以人类皮肤上的汗味和呼出的二氧化碳来寻找目标。它们的触须上有不同的感觉器官，可以清楚地分辨出静脉血管和肌肉，还能判断人类血液中胆固醇和维生素的含量呢。

腹部： 腹部共分11节，有的腹节不明显，有的已经演化为外生殖器。

胸部： 胸部分为前胸、中胸和后胸，每个胸节上有一对足。

蚊子的冬天

我们都以为到了冬天，蚊子就会死亡，而第二年出现的蚊子是过冬卵新孵化的，其实事实并不完全是这样，有的蚊子还能躲在衣柜、暖气管道后面过冬呢。气温低时，它们会降低身体的新陈代谢，相当于冬眠，等气温回升，它们就会悄悄出来觅食了。

蛛形纲——蜘蛛

蜘蛛消耗最少的丝来织成面积最大的网，织成的网就像过滤器一样，昆虫在飞行时，稍不注意就会撞在上面。

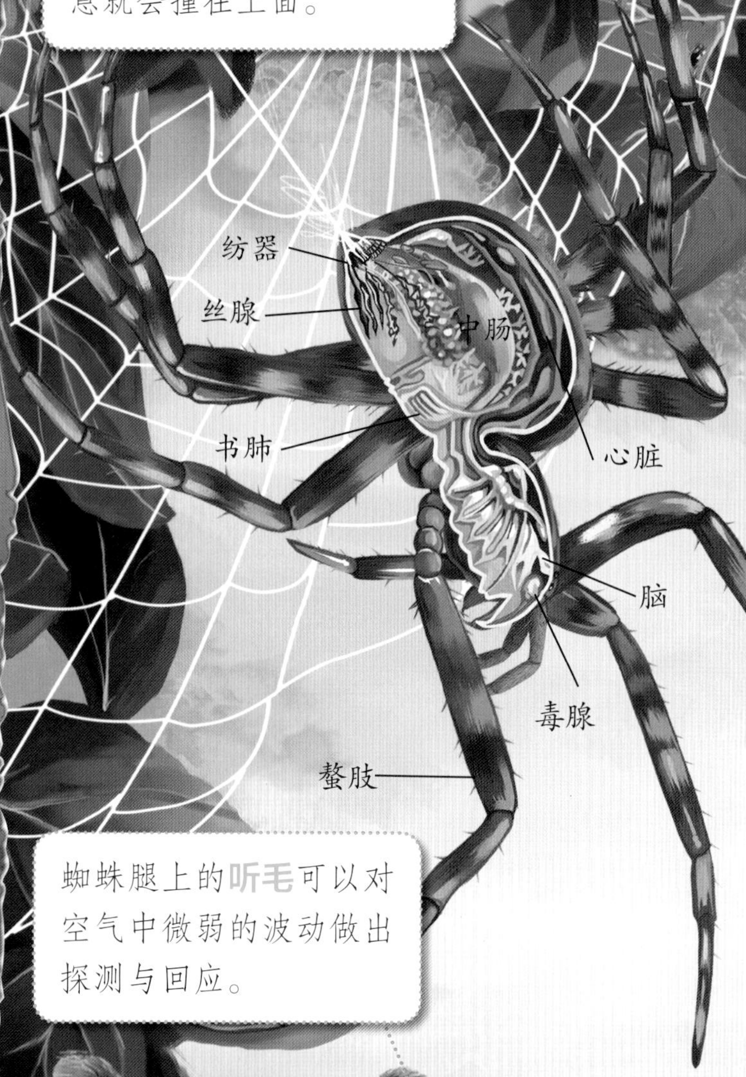

纺器
丝腺
中肠
书肺
心脏
脑
毒腺
螯肢

蜘蛛的捕食方式各有不同，有的会待在和它们体色相近的花朵上等待猎物的到来，还有的会在土里建造一个洞穴，然后捕食从洞口经过的猎物等。但蜘蛛们采用最多的办法还是织网，用网来捕捉猎物。

蜘蛛腿上的听毛可以对空气中微弱的波动做出探测与回应。

蜘蛛织网时，通过丝囊尖端的突起来分泌黏液，这种黏液一遇到空气就能拉伸成很细的丝。蜘蛛会先编织出来一个框架，然后从中间向四周编织出很多条放射线一样的主线，然后一圈圈地织成网状。之后，蜘蛛就会等候在蛛网的中间，一旦有猎物触网，蜘蛛就会闻讯赶来，将猎物用丝缠绕起来，带到网中心或隐蔽处吃掉。

狼蛛的身体构造

狼蛛是一种性情凶猛、善跑能跳的蜘蛛，它们背上的体毛犹如狼毫一样坚硬，8只眼睛能看到四周所有的事物。狼蛛有很强的社会性，据说雌性狼蛛面对陌生的雄性狼蛛时，通常会拒绝对方的求爱，甚至将对方吃掉！

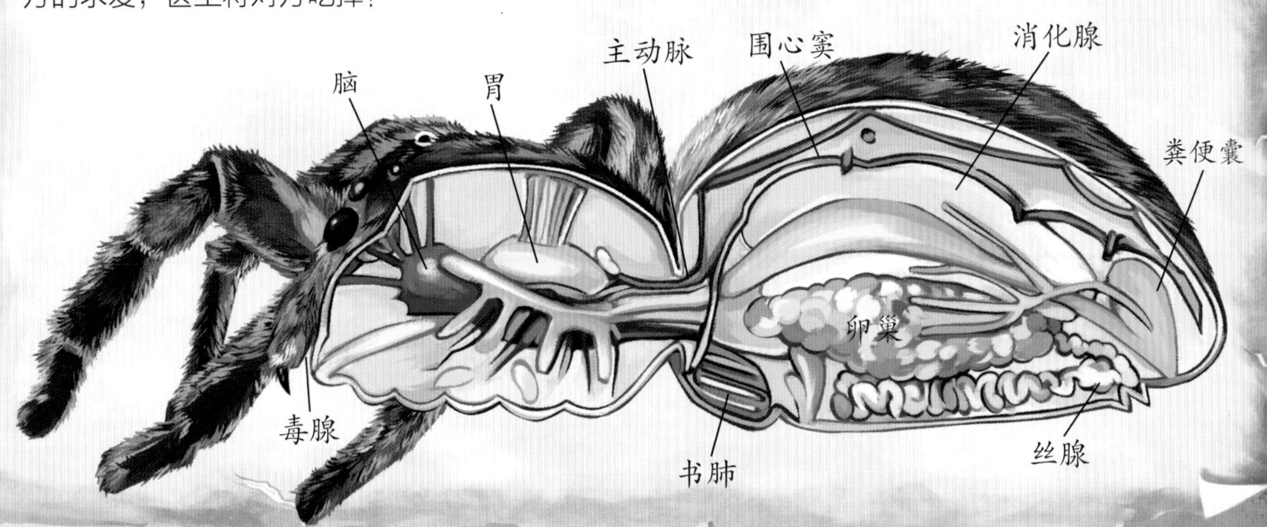

狼蛛对外总是凶猛彪悍，可是对自己的子女却细心温柔，为了更好地照顾后代，它们甚至缩短自己的捕食时间，因此繁殖期的雌蛛总是十分消瘦。

蜘蛛的巢

蜘蛛在繁殖的时候，会用丝建造一个巢袋，并把卵产在里面。蜘蛛的这个巢袋比鸟类建造的巢还要神秘，功能还要齐全，它不仅可以防水，而且还能保温，让小蜘蛛们舒舒服服地在里面成长。

雌狼蛛常常将子女放到背上，驮着它们行走。

狼蛛的腿部强健粗壮，力气非常大。

狼蛛有8只**眼睛**，呈黑色，排成3排。

狼蛛的毒性非常大，它们不仅能轻易地毒死麻雀、老鼠，有的甚至还能毒死人呢。

昼伏夜出的蝎子

蝎子是一种昼伏夜出，喜欢潮湿环境的动物。它们性情凶猛，长长的尾巴上有剧毒的毒针，让许多人都避之不及。蝎子是肉食性动物，喜欢吃无脊椎动物。在求偶时，雄蝎会用钳子固定住雌蝎的头部表达心意，一旦求偶成功，便拉着伴侣到僻静的地方生儿育女。小蝎子出生后，会立刻爬上母亲后背，由母亲驮着出行。直到小蝎子第一次蜕皮，它们才能离开母亲，独自开始生活。

雌蝎的生殖系统由卵巢和输卵管组成。输卵管呈人字形，上端开口于生殖孔，下端连接于卵巢。卵巢呈管状，贮存于盲囊之内。受精卵依附在卵巢管壁外进行孵化，孵化成子蝎后，从前向后依次娩出体外。

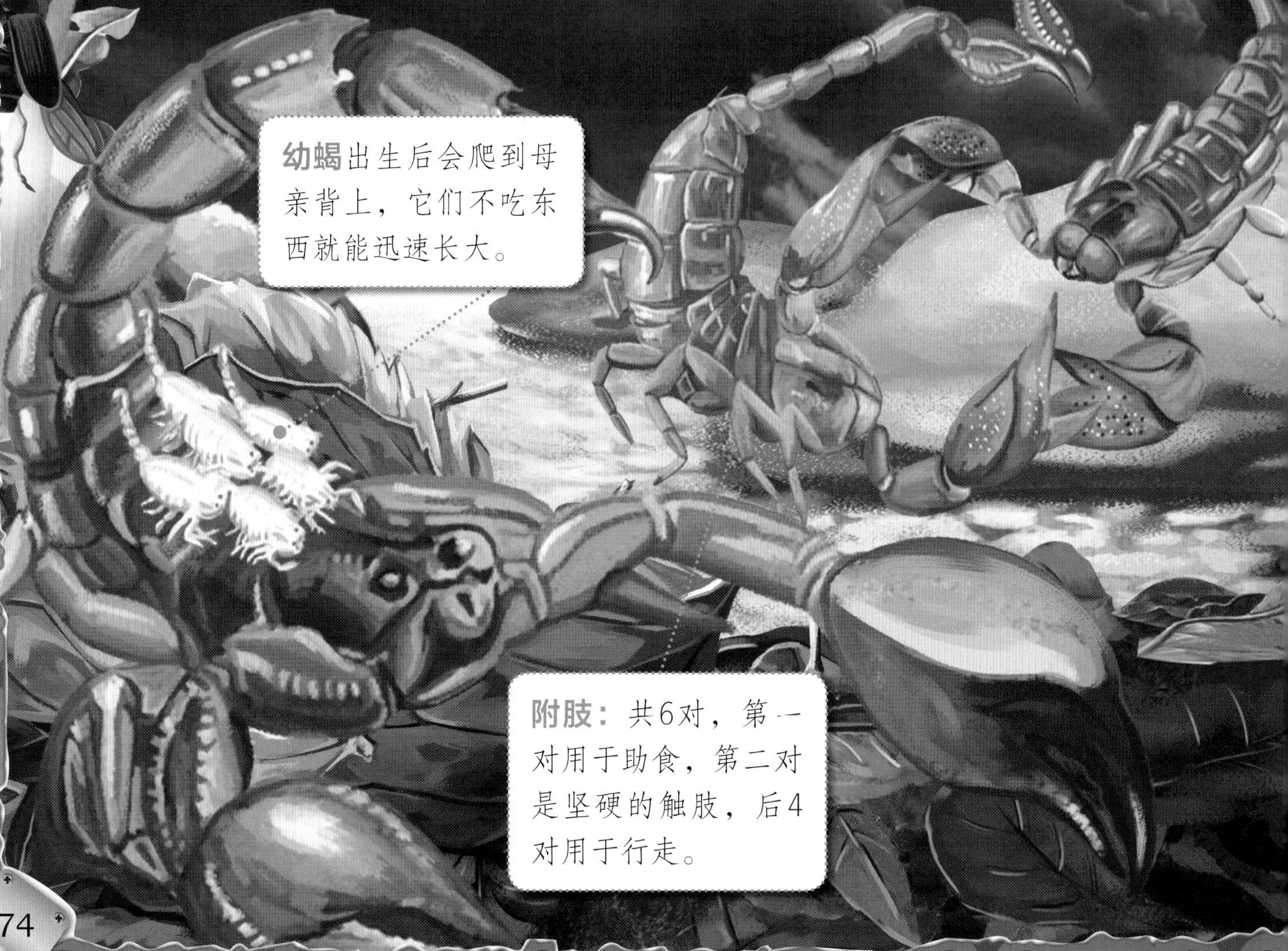

幼蝎出生后会爬到母亲背上，它们不吃东西就能迅速长大。

附肢：共6对，第一对用于助食，第二对是坚硬的触肢，后4对用于行走。

细嚼慢咽的绅士

蝎子吃食的速度非常慢，它们先用背部的毒针将猎物毒死，然后一点一点吸食猎物的体液，吸干体液之后，它们会吐出消化液，将猎物的身体变成黏稠的液体，之后再慢慢享用。

毒针：蝎子用毒针捕食猎物，它的毒素可以让猎物动弹不得。

蝎子有6对附肢，第一对为有助食作用的螯肢；第二对为长而粗的触肢，具有捕食、触觉及防御功能；其余4对为步足。

皮肤：蝎子的全身覆盖着硬皮，身体分节明显，腹部弯曲，向上翘起。

古老的七鳃鳗

七鳃鳗是一种非常古老的脊椎动物，科学家们发现的最早的七鳃鳗化石，距今已有3.6亿年的历史，比恐龙还要早，所以七鳃鳗也被称为“活化石”。和鱼类不一样的是，七鳃鳗没有颌，由于它眼睛后面有七对鳃孔并列而得名。七鳃鳗的产卵季节在初夏到秋天之间，适宜产卵的水温为25℃，12天左右就可以孵化了。

成年之后的七鳃鳗嘴里会长出很多牙齿，而且嘴上还长有一个圆形的吸盘，这个吸盘可以吸住大鱼并吸食它们的血和肉。七鳃鳗就是靠这种方式为生的，所以我们把它比喻为海底的吸血鬼。

七鳃鳗的吸盘里长有牙齿，并且可以牢牢吸住其他鱼类，以吸取它们的血液。

七鳃鳗的身体光滑，没有鳞片，皮肤上包裹有一层黏黏的液体。

七鳃鳗的鳃左右各有7个，排列在眼睛后面。

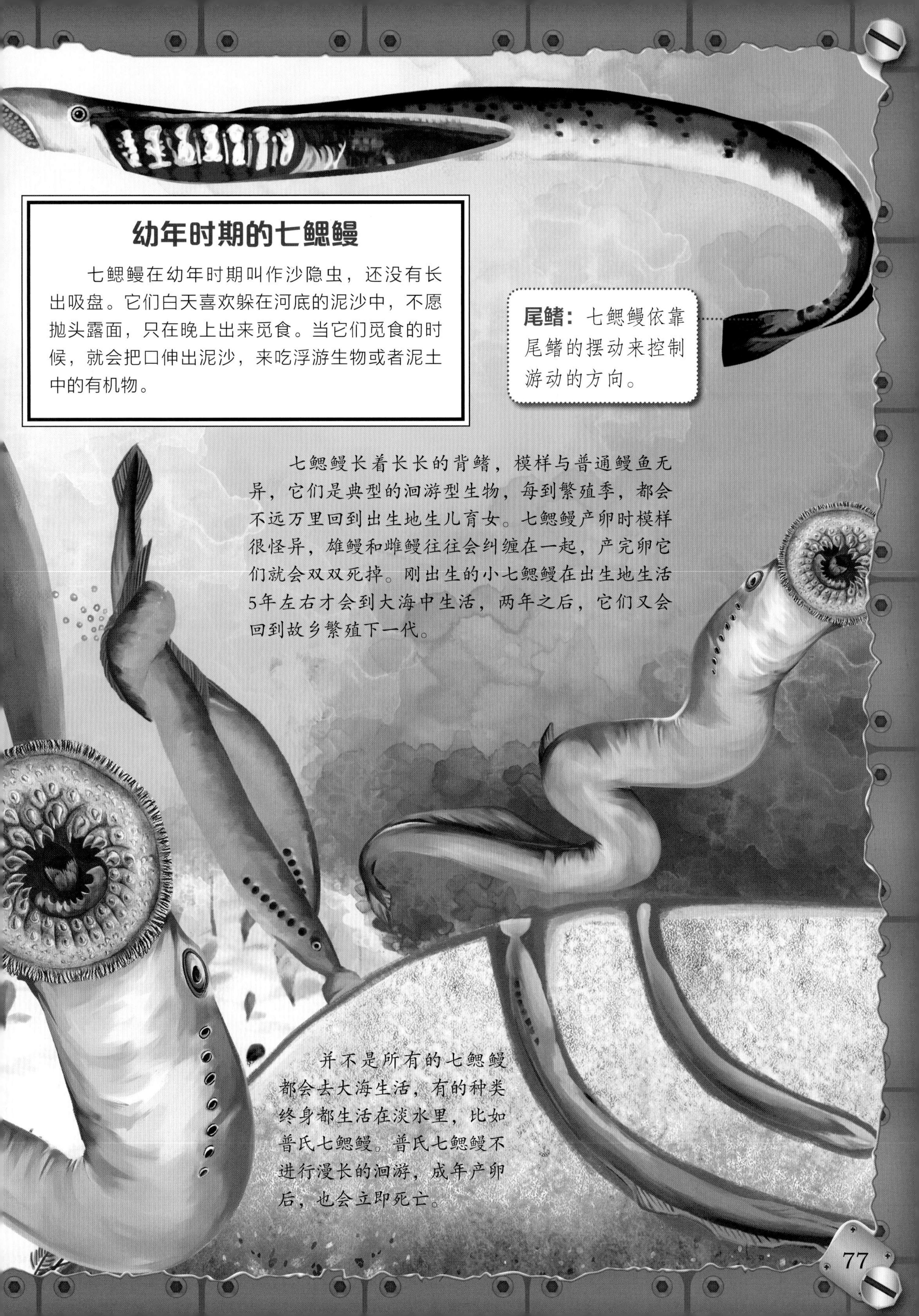

幼年时期的七鳃鳗

七鳃鳗在幼年时期叫作沙隐虫，还没有长出吸盘。它们白天喜欢躲在河底的泥沙中，不愿抛头露面，只在晚上出来觅食。当它们觅食的时候，就会把口伸出泥沙，来吃浮游生物或者泥土中的有机物。

尾鳍：七鳃鳗依靠尾鳍的摆动来控制游动的方向。

七鳃鳗长着长长的背鳍，模样与普通鳗鱼无异，它们是典型的洄游型生物，每到繁殖季，都会不远万里回到出生地生儿育女。七鳃鳗产卵时模样很怪异，雄鳗和雌鳗往往会纠缠在一起，产完卵它们就会双双死掉。刚出生的小七鳃鳗在出生地生活5年左右才会到大海中生活，两年之后，它们又会回到故乡繁殖下一代。

并不是所有的七鳃鳗都会去大海生活，有的种类终身都生活在淡水里，比如普氏七鳃鳗。普氏七鳃鳗不进行漫长的洄游，成年产卵后，也会立即死亡。

可怕的鲨鱼

鲨鱼是海洋中最凶残的鱼类，它们呼吸时总是半张着嘴，给人一种很可怕的感觉。一些小鱼看到鲨鱼的血盆大口，常常吓得四处逃窜，但是小鱼的速度实在太慢了，几乎游不了多远就被鲨鱼一口咬住了。鲨鱼的嘴里有5、6排尖锐的牙齿，其他鱼被它咬一口，几乎没有生还的可能，一些大型鱼类虽然不至于被一口咬死，但是也会遍体鳞伤，而且当血液融到海水中时，会有更多鲨鱼闻着味道赶来，到时候就难逃鲨口了。

残忍的鲨鱼家族

鲨鱼是一种非常凶猛的动物，它们厮杀成性，有时候连自己受伤的同伴都不放过。有些胎生的小鲨鱼在妈妈肚子里的时候，就开始与兄弟姐妹互相残杀了。

牙齿：鲨鱼的牙齿非常锋利，可以瞬间咬碎猎物。鲨鱼的牙齿可以随时更新，牙齿数量通常有5~6排。
美人鱼的小钱包
鲨鱼通常会将卵固定在海底的植物或者珊瑚礁上，小鲨鱼出生后，这些空卵囊时常会被海浪冲到岸边的沙滩上，后来人们给这些空卵囊取了一个十分好听的名字，叫作美人鱼的小钱包。
脑
鼻囊
视神经
眼睛：鲨鱼的视力欠佳，只能看到小范围内的物体。
动脉
上颚
新齿
软骨
下颚
鳃上动脉
鳃裂
鱼鳍：鲨鱼的鱼鳍可以使它在水中自由变换姿态。

两栖动物——青蛙

青蛙总是蹦来蹦去，它有两条肌肉发达的大腿。青蛙是两栖动物中进化最成功的一类，分布于世界各地，不管是在炎热的地方，还是在严寒的地带，都有它们的足迹。它们大多栖息在稻田、池塘和河流等地方，白天潜伏在水里不出来，到了晚上才开始四处寻找猎物。青蛙的幼体——蝌蚪生活在水中，依靠鳃来呼吸，长大后用肺和皮肤呼吸。青蛙喜欢吃昆虫、蚯蚓和蛞蝓等动物。在捕食的时候，它们会蹲坐在荷叶或水草上，肚子一鼓一鼓地等待着，当猎物出现的时候，它们就会快速伸出黏黏的舌头，将猎物粘住，然后送进嘴里。

青蛙在**吃东西时会眨眼**，这是它们利用眼球部位的肌肉将猎物挤进食道内。

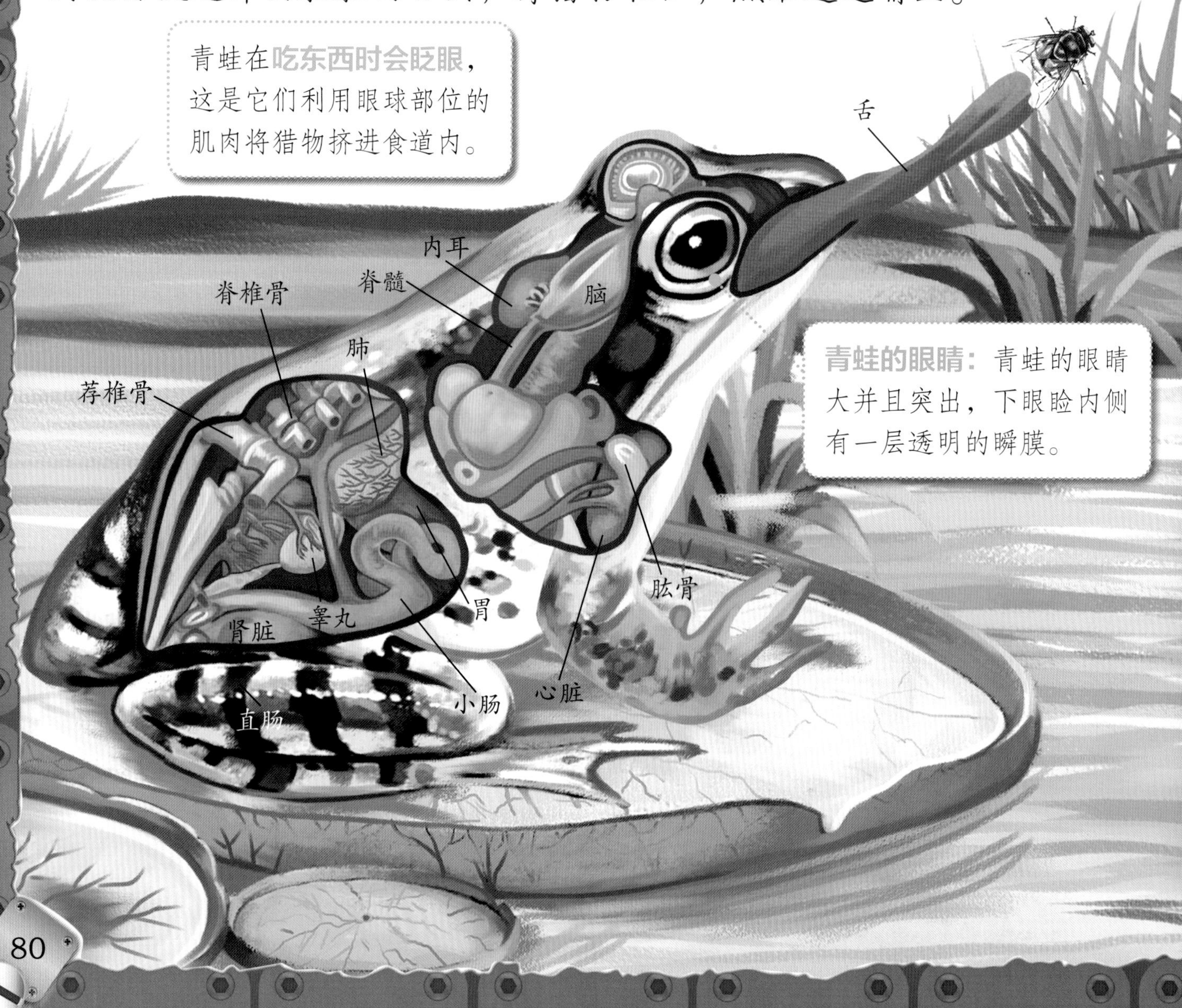

青蛙的眼睛：青蛙的眼睛大并且突出，下眼睑内侧有一层透明的瞬膜。

湿润的皮肤辅助呼吸

青蛙长大后，可不喜欢经常待在水里。它们不像小时候那样用鳃呼吸了，而是改用肺及皮肤呼吸。但它的肺并不发达，仅仅是一对薄壁的空心囊，构造很简单，所以青蛙还必须借助皮肤的辅助呼吸来补足氧气。青蛙的皮肤经常分泌黏液，保持湿润的状态，这样才能更好地进行呼吸。

青蛙的“歌声”

青蛙嘴边有个鼓鼓囊囊的东西，那是个发声器官，它能让青蛙发出呱呱的叫声。夏天的雨后，青蛙就会在河岸边开始放声歌唱。其实,青蛙叫是因为夏季是青蛙的交配季节，雄蛙通过叫声吸引雌蛙来“约会”。而雌蛙听到叫声后，就会从四面八方聚集过来，寻找心仪的伴侣。

青蛙的头部：青蛙的头部扁平，呈三角形。口比较宽大，吻部稍尖。

青蛙的舌头：青蛙的舌头是从下颌长出来的，舌尖分两叉，布满黏液，可以粘住虫子。

鳄鱼的牙齿：鳄鱼上下颌的齿槽内有锋利的牙齿，可以将大块的肉从猎物身上撕扯下来。

爬行动物——鳄鱼

鳄鱼并不是鱼，而是现存最大的爬行动物，只是因为它们喜欢像鱼一样在水中嬉戏，因此才得了一个“鳄鱼”的虚名。鳄鱼生活在热带地区，它几乎什么都吃，像青蛙、鱼、鸟等。在食物稀少的时节，它们还会铤而走险去捕食大象、水牛等大型动物。它们潜伏在水面之下，当动物来河边喝水时，它们会发动突然袭击，用有力的牙齿咬住猎物。

鳄鱼喜欢在河边享受日光浴，它们趴在那里一动不动，让阳光照在身上，有时还会张大嘴巴，以便可以更好地吸收热量。如果天气过热，它们就会潜入水中，或者躲藏在河岸的树荫下以及洞穴中。

鳄鱼在河边的窝

雌鳄鱼在完成交配以后，就开始建造产卵的窝了。它会选择岸边的缓坡作为筑巢点，用前掌把沙子扒开，衔来干草和树枝铺在上面，很快一个舒舒服服的窝就造好了。之后，雌鳄鱼会在里面产下白色的卵，经过3个月的孵化，小鳄鱼就会破壳而出。

鳄鱼的眼泪

鳄鱼也是会流眼泪的，不过那不代表鳄鱼在伤心，其实流泪只是鳄鱼的一种生理现象，那是为了排泄出身体内多余的盐分。有的时候，我们会看到鳄鱼一边进食一边流泪。

视力极好的猫头鹰

猫头鹰别名鸮，因面部像猫，故称为猫头鹰。它们的生存能力很强，大多栖息在森林中，也有的栖息在岩石间和草地上。猫头鹰昼伏夜出，白天隐匿在栖息地不容易被发现。猫头鹰站在树枝上时，总会睁一只眼闭一只眼，其实那是猫头鹰在休息，因为它的左脑和右脑可以轮流休息。猫头鹰的视力极好，在黑夜里也能看清远处的物体，可以发现夜色掩护下活动的老鼠、小鸟等猎物。发现猎物后，猫头鹰就会立即出击，由于它们的羽毛非常柔软，因此在飞行的时候悄无声息，从而可以一举抓住猎物。

猫头鹰的左右耳是不对称的，大部分猫头鹰还长有一簇耳羽，形成像人一样的耳郭。猫头鹰的听觉神经很发达，成年猫头鹰的耳朵里大约有9.5万个听觉神经细胞。

猫头鹰**眼睛的视网膜**上有极其丰富的柱状细胞。柱状细胞能感受外界的光信号，因此猫头鹰的眼睛能够察觉极微弱的光亮。

猫头鹰的眼球呈柱状

猫头鹰的进食

猫头鹰的食物很多，有鼠类和鸟类等。在进食的时候，它们常常将猎物整吞下去，利用素囊进行消化，之后会将食物中不能消化的骨头、毛发等残渣集成小团，从口中吐出来，这种小团被称为食丸，也叫唾余。

猫头鹰的羽毛： 猫头鹰的羽毛像天鹅绒一般柔软，在飞行时不会产生声响，猎物不容易察觉到。

猫头鹰的喙： 猫头鹰有一个像钩子一样的嘴。

猫头鹰的**瞳孔**很大，对弱光有很好的敏感性，易于让光线入眼，因此就算是在黑漆漆的夜里，猫头鹰也能看得很清楚。

自带超声波的蝙蝠

蝙蝠属于哺乳动物，但它却会飞行，而且具有极强的适应能力。它们分布于世界各地，喜欢居住在山洞和树洞里，有的会在废弃的古老建筑物里栖息，还有的会隐藏在芭蕉树的树叶后面。蝙蝠白天不出来活动，躲在栖息地倒挂着睡大觉，到了晚上，它们才会出来活动和觅食。蝙蝠喜欢吃的食物非常多，像花蜜、果实、青蛙等，它们最喜欢吃的是昆虫。由于夜晚比较黑，不容易看到猎物，蝙蝠用口和鼻每秒能发出几十次的超声波，再根据超声波的回音来确定猎物的位置，进而飞过去捕捉猎物。

蝙蝠的翼：蝙蝠的翼是在进化过程中由前肢演化而来，翼膜由它们的爪子之间相连的皮肤构成。

构造复杂的耳朵：蝙蝠耳朵的构造十分复杂，能接收超声波的回音，耳和耳珠都非常大。

超声波：蝙蝠通过口和鼻断断续续发出超声波，根据回音确定周围环境中的障碍物和猎物，如有猎物闯入，就会马上飞过去捕食。

蝙蝠一般都有**冬眠**的习性，而冬眠的地点大都在温暖的山洞里。不过蝙蝠冬眠时不会一睡不醒，它们在此期间还会排泄和少量进食，一旦遇到危险会马上惊醒过来。

蝙蝠的嘴：蝙蝠可以用嘴的前部发出超声波，鼻子也有同样的功能。

神秘崖壁

在广西东南部的大山里有一个神秘的崖壁，那里聚集着成千上万的蝙蝠，被当地人称为飞鼠岩。后来人们才知道，蝙蝠大量聚集在那里，是因为崖壁有着很好的地势，可以帮助蝙蝠躲避大型猛禽等天敌。

天生的建筑师——河狸

河狸分布在美洲、欧洲和亚洲，属于大型啮齿类动物。它们的足上长有蹼，非常善于游泳，在潜入水下游泳的时候，它们还能把鼻孔、耳朵闭合，并睁开眼睛。除此之外，河狸还是天生的建筑大师，它们会挑选距离水源较近的地方为筑巢地，之后便开始找来泥浆、草和树枝，把这些“建筑材料”混合在一起，建造成坚固的巢穴。

河狸巢穴的顶端有一个出口，可以保证让新鲜的空气流进来，而入口则藏在水下深处，这样可以避开不会游泳的捕食者，另外，在冬天河水结冰的时候，入口也不会被冻住。

筑坝：河狸会用树枝和石子建造一个水坝，从而形成一个水足够深的池塘。

河狸的尾巴

河狸的尾巴在水中能像船舵一样帮助它控制方向。在陆地上，河狸的尾巴竖起来可以支撑身体，但在走路时只能拖着走，有点不方便。

河狸幼崽：河狸在每年的四、五月份产仔，一次最多可以产下6只。
河狸的巢：小河狸在巢里长大，它们刚出生不久就会游泳，长大后离开父母去建造自己的巢。
河狸有4颗强壮的**大门牙**。门牙正面非常坚硬，看上去就像一个凿子。河狸的大门牙一直在不断地生长，所以河狸必须不断地咬东西，才能让牙齿变得锋利，并避免长得过长。

爱吃白蚁的穿山甲

穿山甲生活在亚洲和非洲的潮湿森林里，常常被误认为是爬行动物，其实它们是胎生哺乳动物。穿山甲没有牙齿，在受到捕食者的攻击时，往往会把自己蜷缩成一团，用厚厚的鳞片来保护自己，有的时候，它们也会伸出爪子反击。穿山甲胆子很小，白天躲在巢穴里，到了晚上才会出来活动和觅食。它们最喜欢吃的食物就是白蚁。当发现白蚁巢后，它们会先扒去一些泥土，然后将又长又黏的舌头伸进去，将白蚁舔食到嘴里，这样就能尽情享用美味了。

穿山甲身上的**鳞片**非常锋利，当遇到捕食者啃咬的时候，它们就会利用肌肉让鳞片进行切割运动，来割破捕食者的嘴巴。

穿山甲的鼻子嗅觉灵敏，它们可以依靠嗅觉找到白蚁的巢穴。

长舌头：穿山甲长了一条长舌头，它们可以把舌头伸进蚂蚁巢穴，去舔食白蚁。

强壮的四肢：穿山甲的四肢强健，它们在捕食的时候，会用前肢掘开白蚁巢，捕食白蚁。

保护森林和堤坝

穿山甲的食量非常大，一次可以吃下大约500克的白蚁。因此在一片森林中，只要有几只穿山甲，就可以捕食大量的白蚁，从而保护森林和堤坝。

穿山甲的洞穴

穿山甲平时喜欢独居在洞穴里，只有到了繁殖季节，它们才会成双成对生活在一起。穿山甲的洞穴在夏天和冬天是不一样的，夏天雨水多，为了避免灌进雨水，穿山甲会把洞穴建在较高的山坡上；冬天时，它们会把洞穴建在向阳的地方，有利于保暖。穿山甲还非常爱干净，会在洞外挖一个坑，作为“厕所”，每次排便后还会用土覆盖。

高高的长颈鹿

长颈鹿主要分布在非洲，栖息在稀树草原、灌木和开放的合欢林地中。它们个头很高，身上的皮毛有斑点和网纹等花纹，头顶有一对短角。长颈鹿不单独活动，它们和斑马、鸵鸟、羚羊组成群体，友好地生活在一起。由于长颈鹿主要吃高处的树叶和嫩枝，因此不会和群体中的动物争夺食物。它们通常会站在高高的树下，伸出长达2米左右的脖子，啃食上面的树叶，高层的树叶吃完后，长颈鹿还会用半米长的舌头，去吃更高位置上的树叶。

温柔的动物

长颈鹿的脾气非常好，和其他动物生活在一起时彬彬有礼。在觅食之外，它们会一起在草原上悠闲地踱着步子，群体之间很少会出现打斗的情况。但在繁殖期，雄性常脖击以获得雌性的青睐。

长颈鹿是世界上现存最高的哺乳动物，它们站直后能达到8米，可以吃到树木最上端的鲜嫩叶子。小长颈鹿出生不久，就能自己站起来吃奶。小长颈鹿吃奶时，雌长颈鹿常常将长脖子转向后方，一边舔舐子女，一边观察四周有没有危险。
头部：长颈鹿的额头较宽，吻部稍尖。头顶上长有一对骨质短角，外面包着皮肤和茸毛。
长脖子：长颈鹿的脖子虽然很长，却只有7块颈椎骨，不过每块颈椎骨都较长。
颈椎
气管
皮毛：长颈鹿的皮毛有着漂亮的花纹，和豹纹有些相似。
胸椎
股骨
肩胛骨
肱骨
肋骨
小长颈鹿：小长颈鹿生下来的时候身高可达1.5米，出生后几个小时就能快速奔跑。

张着大嘴的河马

河马是一种体形庞大的杂食性哺乳动物。它们躯体粗壮，四肢较短，看上去非常笨重。在动画片里，河马一直是憨厚可爱、招人喜欢的形象，但在真实环境里，它们的脾气非常暴躁，有时，还会主动攻击人类。河马最得心应手的武器是它们尖锐的牙齿，它们的獠牙有60厘米长，坚硬得可以阻挡普通子弹，求偶时，雄性河马也是凭借自己的獠牙战胜对手，夺得雌性芳心的。河马喜欢游泳，喜欢潜水，所以谈情说爱、给幼崽哺乳这样的事情一般都在水下进行。

流“血汗”的河马

河马体形庞大，却害怕炎热，在炎热的夏天，河马的皮肤可以分泌出一种天然的红色防晒剂，这种液体既不是汗，也不是血，呈现红色是因为其中含有酸性色素。人们误以为河马是在流血汗，事实上，这只是河马防晒的小措施。

特殊的皮下构造

有时，人们会产生疑虑：河马体形那么大，如何在水中漂浮起来呢？其实，那是因为河马的皮肤下有一层厚厚的脂肪，这可以让它们毫不费力地漂浮在水中。

为了保证正常呼吸，并时刻观察周围的危险，**河马游泳**时会把耳朵和眼睛露出水面。

小河马：如果有人靠近小河马，暴怒的河马妈妈会立刻冲向侵犯者。

拥有八只腕足的章鱼

章鱼是海洋中常见的软体动物，栖息在海底岩石的洞穴或者缝隙中，它们大部分时间都不出来，只在捕食的时候才会外出活动，利用腕足在海底慢慢爬行。由于它们身体内有含色素的细胞，可以快速地改变体色，因此它们会把自己伪装成一束珊瑚、一堆砾石或者一片海草丛，静待猎物自投罗网。当龙虾、海蟹等猎物出现在附近时，章鱼就会迅速扑过去，将它们捕获。捕食时，章鱼也会遇到危险，如果很难依靠速度来摆脱敌人，章鱼就会用另一项绝技——在敌人临近时喷出很多墨汁来遮蔽自己，借此机会，章鱼就能溜之大吉了。

伟大的章鱼妈妈

章鱼在海洋中的繁殖时间一般集中在春、秋两季。雌章鱼是世上最尽心的母亲，它一生只生育一次，产下数百至数千个卵，藏于自己的洞穴之中。在孵化期间，雌章鱼寸步不离地守护着洞穴，不吃也不睡，它不仅要驱赶猎食者，还要不停地摆动触手保持洞穴内的水时时得到更新，使未出壳的小宝贝们得到足够的氧气。小章鱼出壳的那天，雌章鱼也就完成了自己一生的职责，精疲力竭地死去，并且成为小章鱼的食物，让小章鱼能够快快长大。

章鱼的腕足：章鱼有8条腕足，这些腕足带有吸盘，这不仅可以帮助章鱼在海里行走，还可以帮助它们捕食猎物。

喜欢各种容器

章鱼对各种容器都青睐有加，只要是沉入海底的玻璃或者瓷质容器，都会成为章鱼的栖身之所。在海底发现的一艘古希腊沉船上，装满了几千个大型水罐，人们在每个水罐里都发现了一只章鱼。

能够迅速再生的海星

海星主要在珊瑚礁和砂质海底栖息，依靠腕足在海底缓慢爬行。海星属于肉食性动物，它们吃贝类和甲壳类，有的时候也会捕食小鱼。在取食贝壳的时候，海星会爬到贝壳的上面，用两只腕足吸在贝壳的两侧，利用巨大的拉力将贝壳拉开。当贝壳里的肉露出来后，海星就会将胃伸入壳内，一边分泌消化液，一边吸食。

海星在捕猎时，也可能成为其他动物的猎物，当海星被捕食者抓住时，它们就会急中生智截断自己被咬住的腕足，然后趁捕食者不注意的时候，赶紧逃命。海星在断掉一只腕足后，并不会受到影响，没过一些日子，受伤的部位就会重新长出来，恢复如初。

海星的食量

海星的食量非常大，一天下来，可以吃掉十几只扇贝，成群的海星会疯狂地捕食鲍鱼、菲律宾蛤仔等经济贝类，给渔业养殖带来重大的经济损失。

海星的反口面有很多伞状骨片，伞面上有许多可以动的刺，这些就是棘突束，它不仅可以帮助海星防御捕食者，消除体表的海水沉积物，还可以让海星更好地适应海底泥沙的穴居生活。

海葵是一种构造非常简单的腔肠动物，虽然海葵看上去很像花朵，但其实是捕食性动物，它的几十条触手上都有一种特殊的刺细胞，能释放毒素。

扁平的身体：海星的身体扁平，在海洋里生活时，口面向下，反口面向上，通过皮肤进行呼吸。

腕足：海星有着很好的再生能力，腕足和体盘在受损和自切后，都能很快重新长出来。

胃

肛门

环管

消化腺

辐射状神经

生殖腺

辐射状水管

壶状体

尾巴会发出声响的响尾蛇

响尾蛇的足迹遍布美洲，它们主要栖息在沙漠或者树丛中，在遇到敌人时，通常会摇动尾巴发出沙沙的声响，借此来赶走对方。它们主要吃花栗鼠和其他鼠类。在捕食的时候，响尾蛇会一边寻找猎物，一边伸出自己的舌头，舌头可以将收集到的气味信息传送到嗅觉器官，从而判断出猎物的位置。除此之外，响尾蛇还有一套“热眼”系统，能够接收红外线。一旦有活的猎物出现在不远处，响尾蛇就能感知到猎物发出的红外线，从而前去捕捉。

响尾蛇头部的红外线感应器官，能感应到附近发热的动物。即使响尾蛇的其他身体机能已停止，但只要头部的感应器官组织还未腐坏，即使响尾蛇在死后一个小时内，仍可探测到附近15厘米范围内发出热能的生物，并自动做出袭击的反应。

毒牙：响尾蛇会用它们尖利的牙齿咬住猎物，同时把毒液注入猎物的体内。

鳞片皮肤：响尾蛇的身体平滑而干燥，布满了覆瓦状的鳞片，可以防止体内水分的散失。

可以夜视的红外线摄像机

科学家根据响尾蛇的红外线感应原理，发明红外线摄像机。在夜视状态下，数码摄像机会发出人们肉眼看不到的红外光线，去照亮被拍摄的物体，关掉红外滤光镜，这时我们所看到的是由红外线反射所成的影像，而不是可见光反射所成的影像，即此时可拍摄到黑暗环境下肉眼看不到的影像。红外摄像机其实就是将监控摄像机、防护罩、红外灯、供电散热单元等综合成一体的监控设备。

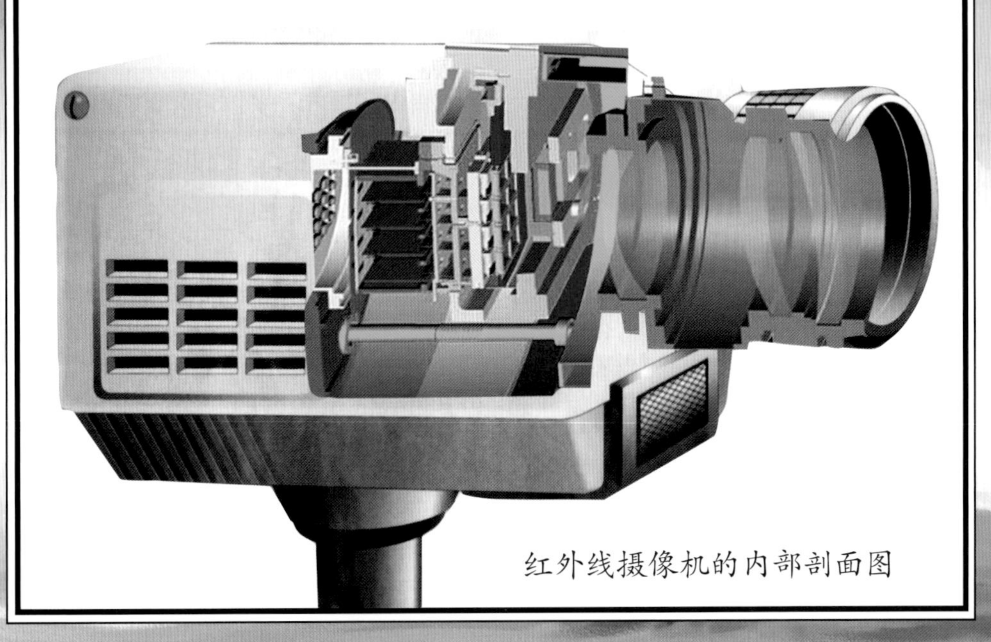

红外线摄像机的内部剖面图

响尾蛇的警告

当响尾蛇尾部的“沙锤”发出声响时，就是为了引起其他生物的注意。此时的响尾蛇身体前半段垂直挺立，头部威胁性地探向前方，随时准备发动攻击。若是敌人没有及时后退，响尾蛇就会在一瞬间朝敌人咬上一口，同时注入致命的毒液。

分叉的舌头：响尾蛇在前行的时候，一般会伸出带有分叉的舌头，舌头能够探知空气中的分子。

响尾蛇的“热眼”长在眼睛和鼻孔之间叫颊窝的地方，这个颊窝是喇叭形的，喇叭口向前倾斜，其间被薄膜分成内外两部分。内部温度与蛇周围环境的温度相同。外部是热收集器。

会喷水的射水鱼

在亚马孙河流域，生活着一种十分奇特的鱼，它就是大名鼎鼎的射水鱼。射水鱼拥有很好的视力，在水里游动时，不仅能看到水面上的东西，还能发现空中的物体。射水鱼有一套高超的捕食技巧，当它在靠近岸边的水中游动时，眼睛只盯着水面的上方或岸边草丛中。这里栖息着蚊、蝇等昆虫，射水鱼会慢慢地靠近昆虫，当昆虫进入射程以后，它突然从嘴中喷射出一股水流，水流以飞快的速度射中昆虫。昆虫被击中后，从树枝和树叶上掉落下来，射水鱼就会把它们吃掉。

当你从水面上往下看的时候，光线会发生折射，同样的，从水下往上面看的话，物体的位置也发生了偏移，射水鱼看到的小昆虫的位置和实际位置是有差别的。为了减少折射的影响，聪明的射水鱼很有办法，那就是游到猎物的正下方，这时候光线没有折射，射水鱼就可以向目标发射水柱了。

猎物：射水鱼的捕猎对象是小昆虫，如苍蝇、蜜蜂、蝴蝶和飞蛾等。

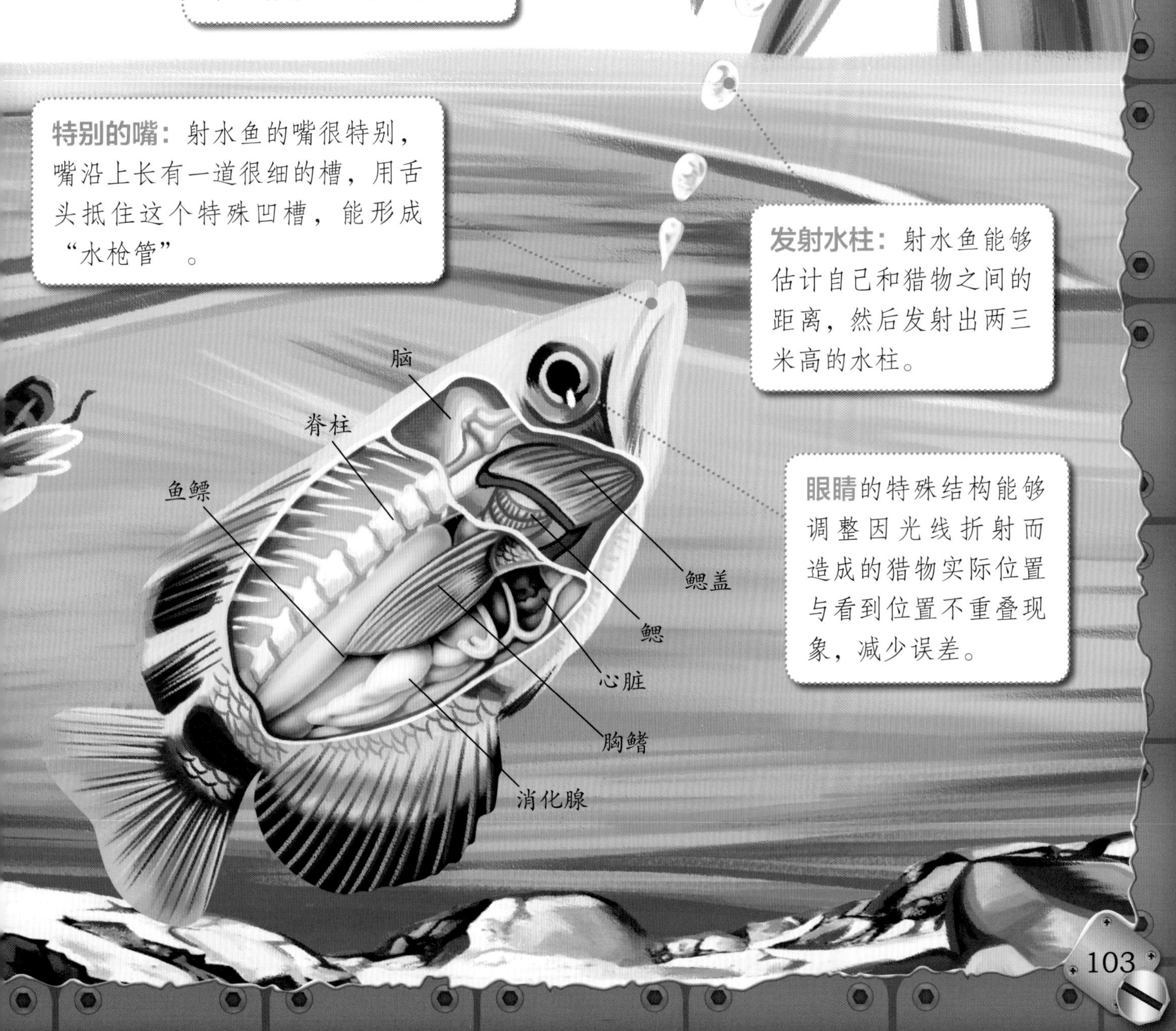

特别的嘴：射水鱼的嘴很特别，嘴沿上长有一道很细的槽，用舌头抵住这个特殊凹槽，能形成“水枪管”。

发射水柱：射水鱼能够估计自己和猎物之间的距离，然后发射出两三米高的水柱。

眼睛的特殊结构能够调整因光线折射而造成的猎物实际位置与看到位置不重叠现象，减少误差。

在地下蜕变的蝉

每到夏天的时候，树上就会传来阵阵知了的叫声，这是蝉在告诉人们夏天来了。你知道吗？这些在树上鸣叫的蝉，一生要经历两个时期。第一个时期是幼虫期。蝉的幼虫期非常漫长，通常需要两到三年，在这期间它们都要在地下度过。第二个时期是成虫期。蝉的成虫期非常短暂，它们从地下爬出来到产完卵死去，大概只有20天左右。

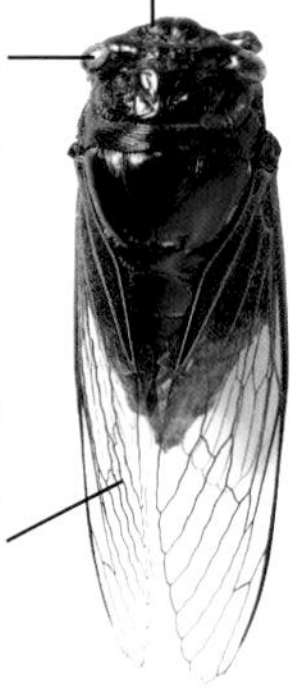

蝉的口器是针刺式的，十分坚硬，可以深入树干中吸食树汁。

蝉的复眼突出，有三个单眼。

蝉有两对膜质的翅膀，翅脉很硬，总是覆盖在背上。

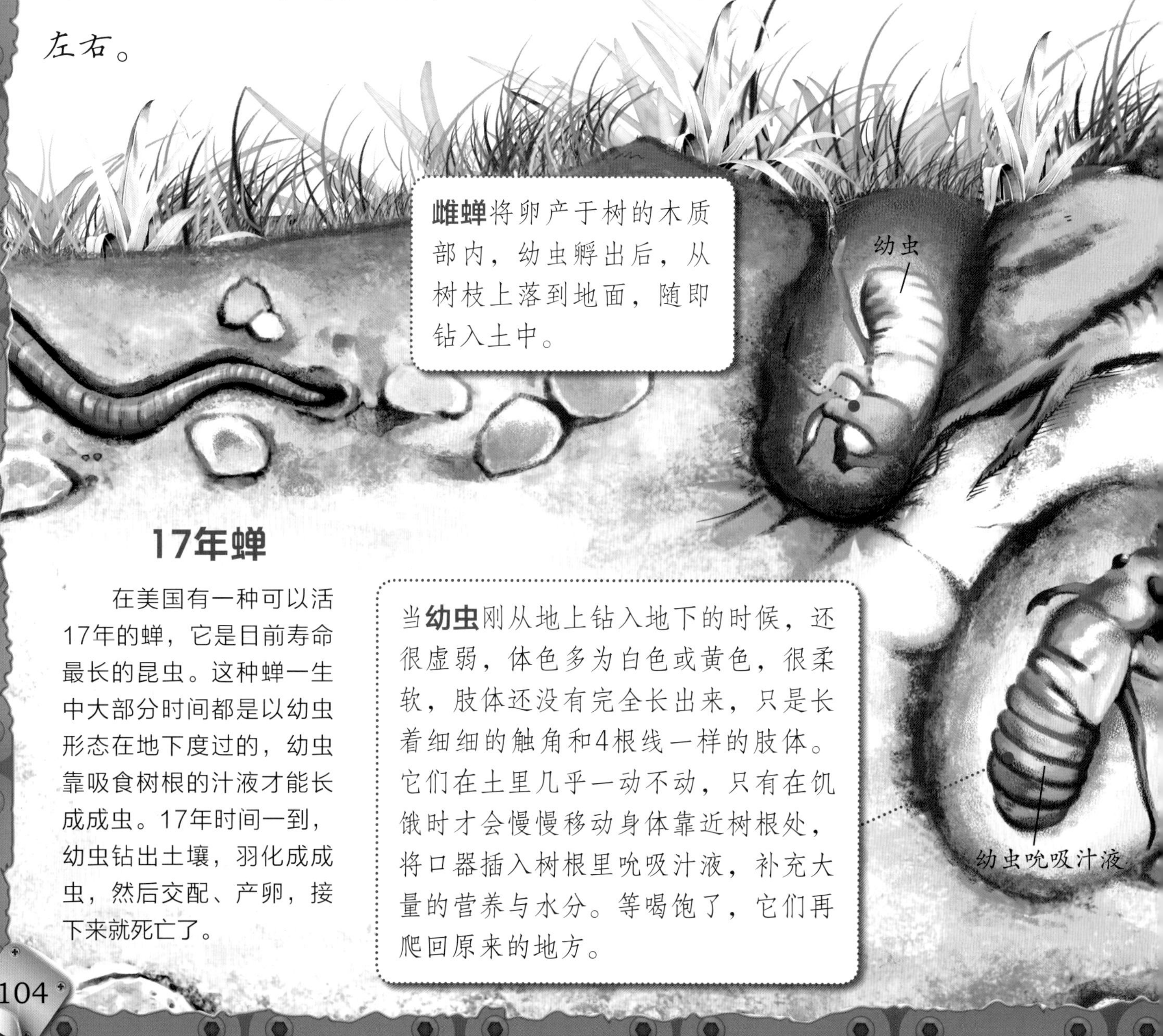

雌蝉将卵产于树的木质部内，幼虫孵出后，从树枝上落到地面，随即钻入土中。

幼虫

17年蝉

在美国有一种可以活17年的蝉，它是目前寿命最长的昆虫。这种蝉一生中大部分时间都是以幼虫形态在地下度过的，幼虫靠吸食树根的汁液才能长成成虫。17年时间一到，幼虫钻出土壤，羽化成成虫，然后交配、产卵，接下来就死亡了。

当**幼虫**刚从地上钻入地下的时候，还很虚弱，体色多为白色或黄色，很柔软，肢体还没有完全长出来，只是长着细细的触角和4根线一样的肢体。它们在土里几乎一动不动，只有在饥饿时才会慢慢移动身体靠近树根处，将口器插入树根里吮吸汁液，补充大量的营养与水分。等喝饱了，它们再爬回原来的地方。

幼虫吮吸汁液

受攻击时，蝉会排“尿”

蝉的排泄与其他昆虫不一样，它的粪液都储存在直肠囊里。当蝉感到危险时，便会把储存在体内的废液排到体外，用来减轻体重，以便起飞，从而起到自卫的作用。

金龟子的成长过程

金龟子是一种身披坚硬的漂亮外衣的小昆虫。幼虫吃植物的根或块茎等，成虫咬食植物叶片。金龟子的卵产在地下，幼虫经过大约一年的完全变态发育之后，才可以爬到地面上来。

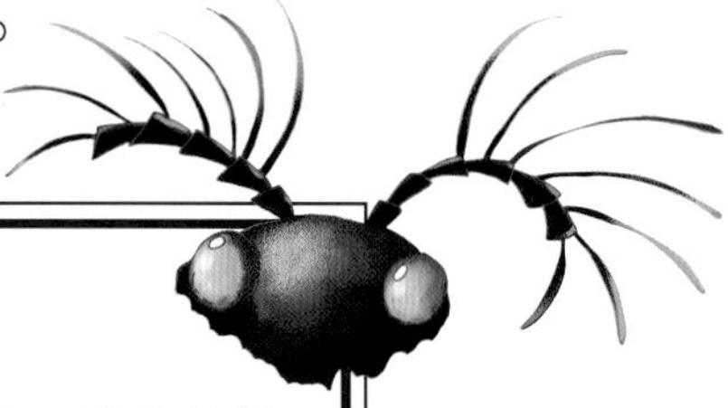

金龟子独特的触角

昆虫长着各种各样的触角。蝴蝶的触角呈棒状；蝗虫的触角呈丝状；而金龟子的触角却很独特，呈鳃叶状，并且在锤节的地方还长着很多分杈，就像小小的树枝一样。这对独特的触角就是金龟子感受触觉的主要器官。

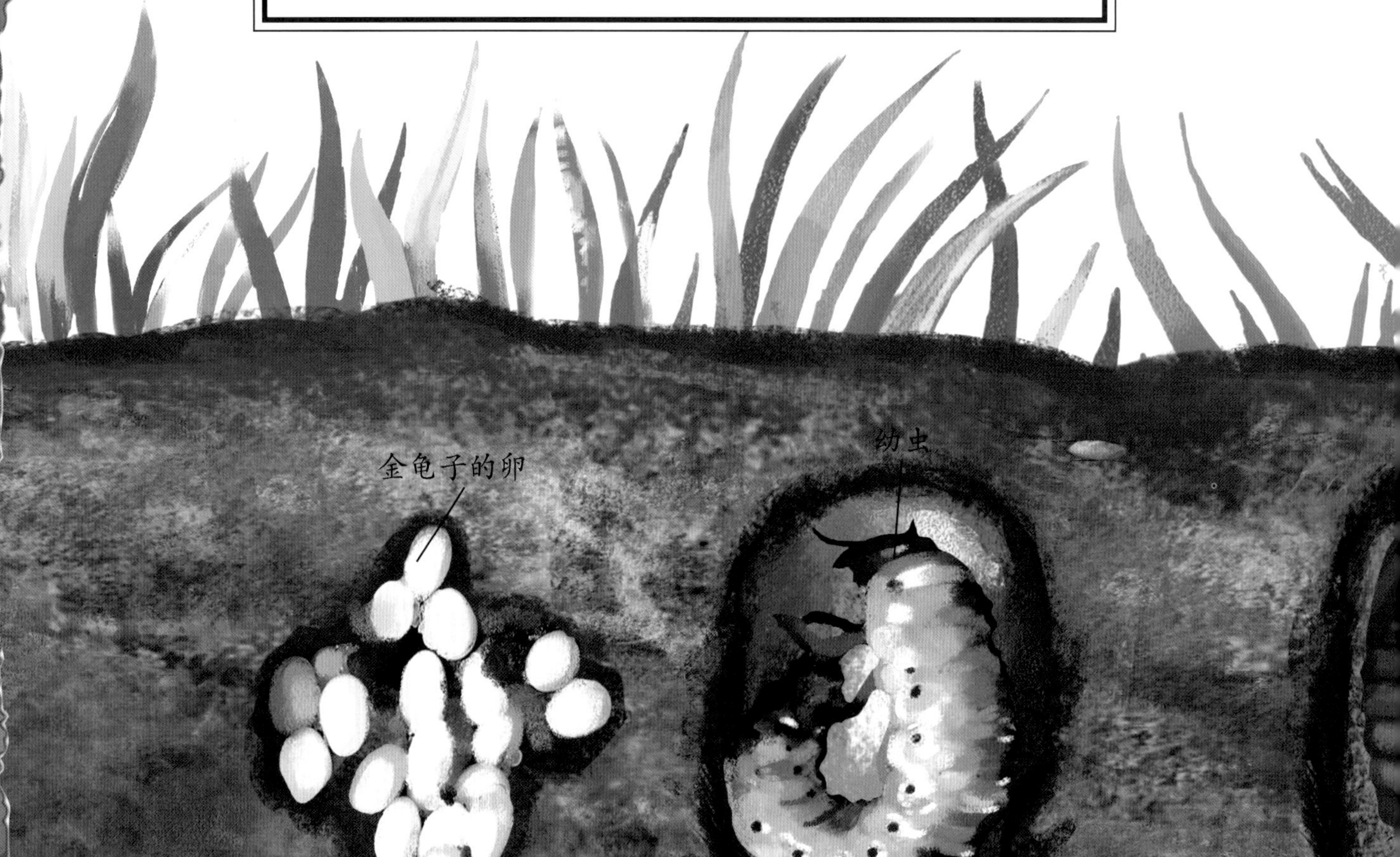

雌雄金龟子交配完毕之后，雌金龟子就会在植物繁多的土壤中挖出一个洞，并将卵产在洞中。

卵在洞中会逐渐发育成乳白色的幼虫。幼虫的背上长着很多横纹，常常弯曲着身体，看起来就像马蹄的形状。

金龟子装死

大多数金龟子在夜晚才外出行动和觅食，喜欢向有光的地方飞。也有一部分金龟子是日出型，白天出门觅食。为了躲避敌害，金龟子练就了装死的本领，一旦受到惊吓，或感到周围有危险，它们就落地装死，等危险过去再起飞。所以，人们称金龟子为“装死明星”。

金龟子是害虫，成虫会把植物叶片咬成网状的孔洞。一般夜出型金龟子在傍晚至晚上10时这段时间里最为猖獗。日出型金龟子的活动时间一般为日出和日落之间的时间段。

金龟子的前翅很坚硬，是用来保护身体的；后翅是膜质结构，十分柔软，常常用来飞行。

化蛹

成虫

根据**金龟子**的种类不同，其幼虫在地下的成长时间也不同，等到幼虫发育完全后，就会爬出洞，在大自然中自由地飞翔了。

幼虫在地下一点点长大，等到成熟之后，就会在地下结茧化成蛹。

穿“花裙子”的瓢虫

瓢虫也被称为花大姐，它们体形娇小、颜色鲜艳，背上有一个个黑色的斑点，看起来像穿了件花裙子。我们所看到的美丽的瓢虫其实是它们长大后的样子，幼年时的瓢虫着实是个相貌普通、浑身黝黑的丑家伙，它们没有翅膀，只能爬上爬下地捕食蚜虫。瓢虫是完全变态昆虫，其幼虫的形态和成虫完全不一样，一生要经历卵、幼虫、蛹和成虫四个阶段。如果你仔细观察就会发现，长大后的瓢虫依然有其幼年时的影子——它们的腹部和胸部是黝黑的。

擅长伪装的瓢虫

瓢虫有一套独特的御敌法宝，就是“装死”，当遇到危险时，它们会立刻收起翅膀，缩回腿脚，躺在地上一动也不动。这套独特的方法能蒙骗过大多数敌人。而且它在受到外界刺激时会分泌黏性保护液，味道刺鼻甚至有微弱的毒性，也可以驱散敌人。

瓢虫从蛹中蜕出。

严格的种族规定

瓢虫大致可以分为两种，即有害瓢虫和有益瓢虫，它们各自守卫着自己的地盘，绝不同居和通婚。据说它们有着严格的种族规定，即便强迫它们生出“混血儿”，这些“混血儿”也不具备生殖能力，不能繁殖下一代。

幼虫:刚出生的瓢虫身体发灰，具有稀疏的斑点。

勤劳的小蜜蜂

蜜蜂在昆虫界可是以勤劳著称。每当鲜花开满田野的时候，蜜蜂就会成群结队地从巢穴中出发去采蜜。当发现蜜源时，它们就会兴奋地转动身体，振动着翅膀跳舞，把这个好消息告诉自己的同伴。当它们跳圆形舞时，就表示花朵的位置很近，飞一会儿就能到达；而当它们跳摆尾舞时，则表示花朵距离较远。

蜜蜂的家是六边形的蜂巢，它不仅坚固，还节省了很多空间。蜂巢的材料主要是蜂蜡。工蜂体内会分泌出蜂蜡，并把蜂蜡送进口中，和唾液混合在一起，从而让它变得更加富有弹性。蜂巢的每个小房间都呈现水平状，房口稍微向上，从而可以阻止花蜜的流失。

蜜蜂体内的螫针

蜜蜂的个体虽然很小，但是却有一种秘密武器，那就是藏在体内的螫针。蜜蜂的螫针呈现螺旋状，原来是产卵用的。雄蜂因为没有这种长管，所以不会蜇人。蜂王有这种螫针，它们就用来产卵。因为工蜂没有产卵的职责，所以螫针变成了保卫家园的武器。

成蜂：刚出房的蜜蜂体色较浅，外骨骼比较软，不久后骨骼硬化，四翅伸直。

蜂房就像一个个六角形的房室，房室内有工蜂采集的蜂蜜，也有蜂王产下的卵。
幼虫为白色蠕虫状，它的头朝向巢房口，由工蜂负责饲喂。
工蜂给蜂王喂营养丰富的蜂王浆，而工蜂和雄蜂的食物始终是蜂蜜和花粉。
卵：蜂王产下的卵，稍细的一端朝向巢房底部，稍粗的一端朝向巢房口。
幼虫在蜂蜜中成长。
蛹：蛹逐渐呈现出头、胸和腹，发育成熟后，幼虫咬破巢房封盖，羽化为成蜂。

充满父爱的海马

海马是一种小型海洋动物，它们的头部弯曲，与马头相似，因此人们便给它取了这样一个贴切的名字。海马最为人乐道的就是它们是由雄性海马来生育后代的。生小海马时，雄海马会反复伸直和弯曲身体，帮助小海马脱离育儿囊，虽然样子很古怪，但其中却是满满的父爱。有时，人们会误解，以为小海马完全是由雄海马繁殖的，其实如果不是雌海马把卵产在雄海马的育儿囊里，雄海马是无法独自繁殖后代的。

奇怪的游泳姿势
海马平时都是直立在水中的，就连游泳也是一样的姿势，根本不会躺倒。海马的游泳速度很慢，因为它们只能依靠背鳍一点一点向前推进，受波浪影响，它们有时也会微微倾斜身体向前游动。
海马的眼睛非常灵活，可以各自转动。
雄性海马的腹部有一个育儿囊，小海马就是在父亲的育儿囊里发育成形的。
海马的嘴呈长管状，不能张合，只能吸食猎物。
海马的尾巴长而柔软，它们常常用尾巴缠绕在海草上随波逐流，有时甚至不愿站立，直接倒挂在海草上。

不辞辛苦的鲑鱼

鲑鱼也叫大马哈鱼，每年秋天，它们都会成群结队，不辞辛苦地返回自己的出生地去繁殖下一代。鲑鱼洄游的路途遥远艰难，它们往往要逆流而上，不吃不喝，跨过一个又一个障碍才能到达。据说鲑鱼洄游的景象非常壮观，见过的人都连连称奇。历经千辛万苦到达出生地的鲑鱼，不是伤痕累累就是筋疲力尽，因此大多雌性鲑鱼产卵之后，都会默默死去，只有一小部分能等到小鲑鱼出生。为了保证鲑鱼的繁衍，人们捕捞鲑鱼时只会捕捞鱼群的一小部分。

小鲑鱼出生后，会沿着母亲来时的路游到大海，但是来年，它们也会成群结队地洄游，找到出生地去繁殖后代。奇怪的是，就算没有上一辈带领，它们也能准确无误地找到母亲产卵的地方。

鲑鱼死后，骸骨会随着时间的流逝慢慢腐烂，成为周边草木的养分。因此鲑鱼的产卵地附近的草木一般都非常茂盛。

鲑鱼的巢穴

鲑鱼可不会像其他鱼类那样，将卵产在水草周围，它们十分细心，会利用尾鳍在河床上制造一个小小的巢穴，产卵之后，再用同样的方法将鱼卵掩盖住。

灵活的小鲵

小鲵是一种生活在潮湿丛林里的两栖动物，它们身体扁长，四肢发达，侧扁的长尾巴小巧灵活。小鲵喜欢在溪流的碎石下或植物枝叶中配对产卵，产卵后就会回到陆地上生活。刚孵化出的小鲵仔没有明显的长尾巴，长相与母亲相差甚远。此时的小鲵处境相当危险，一不留神就成了其他动物的美食。随着时间的推移，小鲵会渐渐长大，但它们从不远离水源，有时，还会在水中捕食呢。

别称"山椒鱼"

小鲵的身体上有明显的山椒味，因此也被称为山椒鱼，它主要分布在中国、朝鲜及日本，跟大鲵同属于山椒鱼亚目。

身体皮肤：小鲵的身体光滑，呈棕色或棕黑色，身体两侧有肋沟。

尾巴：小鲵的尾巴又扁又长，并且小巧灵活。

安吉小鲵

安吉小鲵是中国特有的物种，它们生活在浙江安吉的龙王山，因此得名安吉小鲵。安吉小鲵是全球极度濒危物种，它们的珍稀程度不亚于大熊猫和扬子鳄。

小鲵有着“生物活化石”的美誉，它们最早出现在3亿年前，和恐龙同处一个时代。它们能历经沧桑，活到现在，本身就是一个奇迹。

不会飞的鸵鸟

鸵鸟是世界现存体形最大的鸟，它们脖颈纤细，脑袋小巧，身体庞大，双腿修长而健硕。鸵鸟虽然有翅膀，但它并不会飞，已经退化的双翼只能用来保持身体平衡和求偶。不同地区的鸵鸟繁殖期也不同，但它们的繁殖习惯是相同的——雄鸵鸟的所有妻子都会将卵产在同一个巢穴里，然后由雄鸵鸟统一孵化。

一些野生动物会对营养丰富、美味可口的鸵鸟蛋虎视眈眈。据说，最终只有十分之一的鸵鸟蛋能孵化出小鸵鸟。

羽毛：羽毛蓬松，一般呈黑白两色，有很好的保暖作用。

卵：鸵鸟蛋是所有鸟蛋中最大的。

鸵鸟的双腿强壮有力，是御敌的最佳武器，每小时能跑约70千米。

小鸵鸟：刚出生的小鸵鸟非常瘦弱，它们的体形和母亲相差很大，没有一点自卫能力。

小鸵鸟

刚出生的小鸵鸟非常瘦弱，浅黄色的羽毛搭配脖颈上黑色的斑点，让它们看起来十分可爱。三个月大时，小鸵鸟开始一次又一次换羽，直到长出成年鸵鸟的羽毛。

谨慎的鸵鸟

鸵鸟性格谨慎，觅食时总会不停地抬头张望，观察附近有没有危险。鸵鸟的眼球是陆地生物中最大的，能看到3~5千米远的东西。鸵鸟在进食的时候，总是有意地把一些沙粒也吃进去，因为鸵鸟消化能力差，吃一些沙粒可以帮助磨碎食物，促进消化。

天生的王者——狮子

狮子是世界上唯一一种雌雄模样不一样的大型猫科动物。它们身手矫健，勇敢凶猛，在自然界几乎没有天敌。狮子是群居动物，雌狮是狮群中的捕猎者，雄狮是狮群中的首领，但是一年中，雄狮只有几个月的时间待在狮群里，其余时间，它要不停地巡视领地，赶走外来者，保护妻儿。狮群中所有的雌狮都非常有责任心，它们会毫无保留地照顾其他伙伴的孩子，有时还会给它们喂奶，陪它们玩耍。雌狮的奶水营养价值很高，所以小狮子就算已经能吃碎肉，也会时常依偎在母亲身边吃母乳，而雌狮总是无私地将身体中的养分化为乳汁，喂给小狮子。

雄狮的头部和颈部长着长长的鬃毛，看起来非常威武。

幼狮会时常依偎在母亲身边吃母乳。

百兽之王——老虎

老虎是一种大型的凶猛的哺乳动物，它们几乎没有天敌，是真正的百兽之王。老虎的捕食武器是锋利的牙齿和尖锐的爪子，它们可以一口咬穿猎物的脖颈，来回伸缩的利爪能抓伤猎物，而且它们的爪子上有厚厚的肉垫，走起路来，一点声音都没有，所以很容易靠近对手。老虎捕猎时总是凶狠无情，可面对子女时，它们却异常温柔。老虎的哺乳期是半年左右，但小老虎会一直跟随母亲，直到两三年后，才不依不舍地离去。刚离开母亲时，小老虎们往往会一起生活，它们合作捕食，一起休息，相处得非常融洽。可随着年龄的增长，它们必须去寻找伴侣，繁殖后代，这时小老虎才会和兄弟姐妹分开。

雄狮的领地意识非常强，它们常常不停地游走在领地的各个角落，通过气味和咆哮警示其他雄狮。如果遇到不友善的来访者，雄狮就会随时保持进攻状态。

成活率低的小狮子

狮群中小狮子的成活率并不高，虽然雌狮非常爱护自己的子女，对它们总是无微不至，但小狮子还是容易被战胜自己父亲，成为狮群新领导者的其他雄狮咬死，因此只要狮群换首领，雌狮就会带着小狮子逃跑。

捕猎的雌狮

雌狮：雌狮没有鬃毛，其他部位与雄狮无异。

浅滩泥沙里的小生物

海边的泥沙里蕴藏着许多千奇百怪的生物，当你在沙滩上随意挖出一个小坑时，你就会惊讶地发现，泥沙里竟然还居住着一些奇妙的小生命呢。经过千万年的演化，这些不起眼的小生命已经完全适应了泥沙中的生活。现在我们就来到海边，挖一挖泥沙，看看那里面究竟有什么吧。

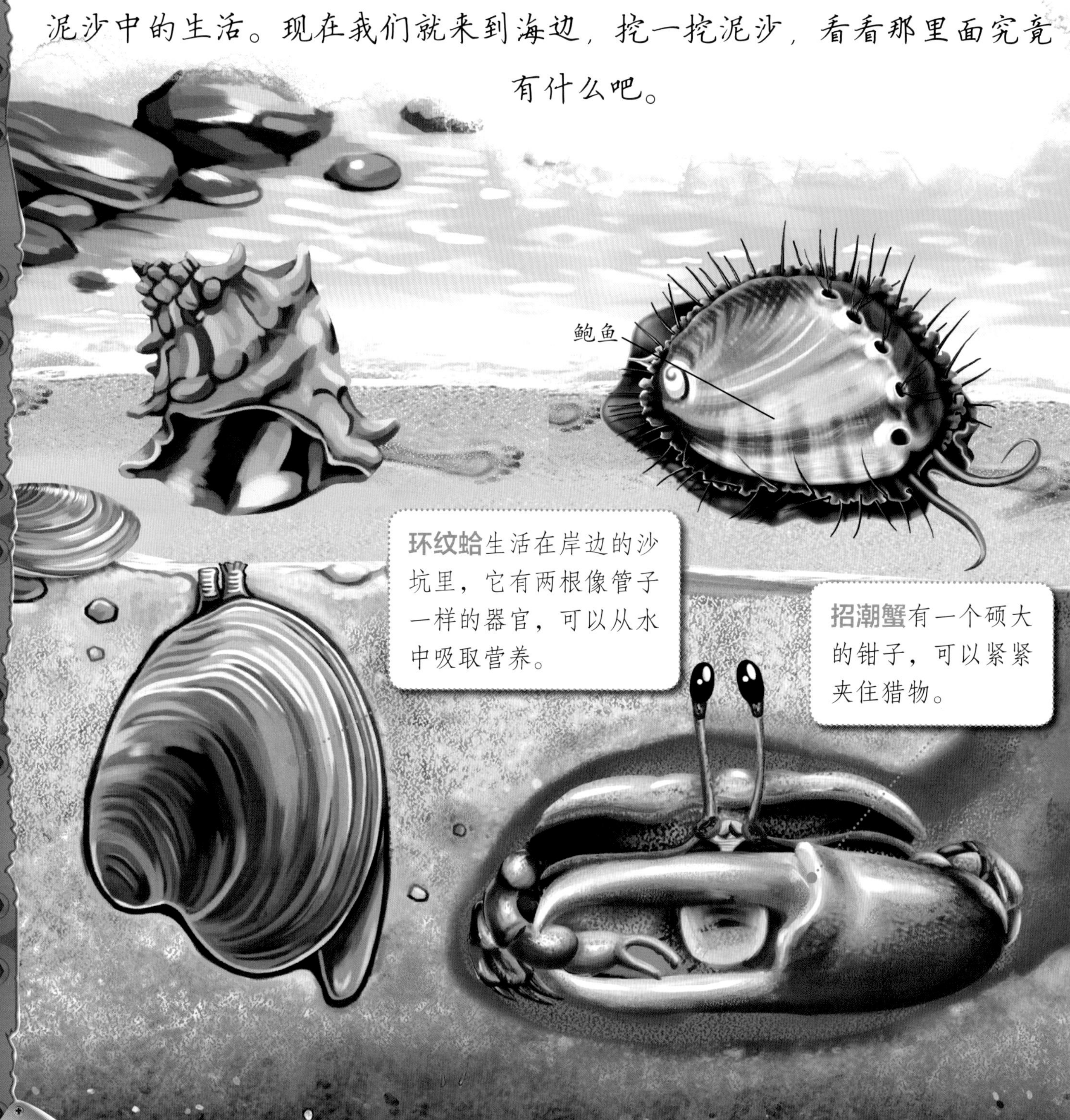

不怕盐的盐角草

长在海边的盐角草是最耐盐的植物之一。在春天和夏天的时候，它的颜色是鲜绿色的。到了秋天，盐角草就会成熟，变成了紫色，这时人们就会把它采摘下来，生吃或蒸熟了吃，还能腌制成咸菜。

沙蚕是一种体表覆盖着细绒毛的环节动物，栖息在泥沙中。

浅黄玉螺的壳平滑且富有光泽，它通常栖息在浅海沙滩上。

海岸边的潮池

在大海与陆地交汇的海岸边，潮水运动清晰地划定了海岸生物的栖息地。潮汐的起落决定着海岸生物水里和水外的生活。许多生物体内都有生物钟，它们能预知与潮水有关的事件，例如涨潮时藻类的丝状物会附在礁石上，抵御海潮的冲击；螃蟹会出来觅食；海星会用管足牢牢抓住礁石缓慢移动，寻找附着在礁石上的藻类等食物。

涨潮时，海边的礁石会被海浪拍打或淹没。退潮后，礁石上会形成一个个小水坑，这些水坑被称为“潮池”。在这个小世界里生活着各种各样的生物，有像花一样的海葵、敏捷的寄居蟹、善于伪装的海星和贻贝等。

等指海葵有时会为争夺地盘而大打出手，争斗时它会向对方喷射毒液，并用钩刺刺向对方，直到软弱的一方屈服为止。

东波鳚通常栖息在退潮后的海岸岩石下，它们的身体大都为细长的形状。

蛇锁海葵

鲽鱼也叫作比目鱼，它们栖息在浅海的沙质海底，身体扁平，双眼在身体的同一侧，喜欢吃小鱼和小虾。

海岸边的共生关系

海岸边的微生物黄藻，通过光合作用为珊瑚提供养分，而珊瑚可以为它们提供保护。蛤蜊依靠这些藻类生产的养分为生，藻类在蛤蜊的外壳边沿上生长。

帽贝生活在海岸边的礁石上，以海藻为食，它们强有力的肉足紧紧地附着在礁石上，直到潮水过后才会移动。

乌贼是章鱼的亲戚，它体内的细管可以喷射水流，以此推动身体前行，还会朝敌人喷出“墨汁”。

寄居蟹本身是没有壳的，它一般借用死海螺或其他软体动物的壳来保护自己柔软的身体。

多姿多彩的珊瑚礁世界

珊瑚生活在温暖的热带浅水海域，是由十分细小的生物——珊瑚虫形成的。珊瑚虫有坚硬的骨骼，当它死亡后新的珊瑚虫会在它的上方生长，日积月累便会形成巨大的珊瑚礁。珊瑚礁不仅美丽，还是许多海洋动物的栖息地，因为这里有充足的食物。

条石鲷以肉食为主，它们的牙齿很锋利，可以轻易咬碎贝壳。

鹦鹉鱼的嘴酷似鹦鹉，因此而得名。它们的外表十分艳丽，喜欢生活在珊瑚礁附近。

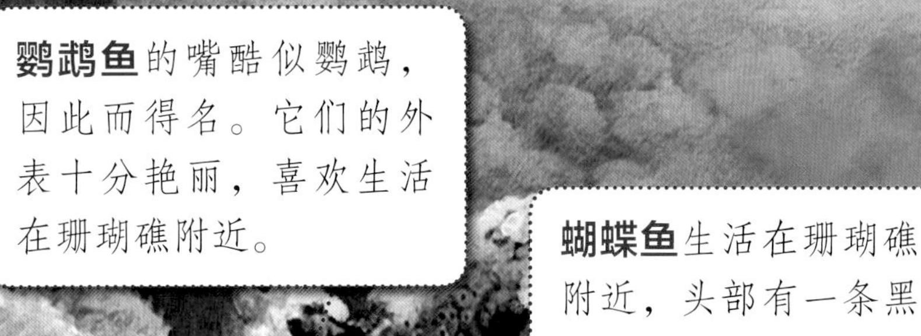

蝴蝶鱼生活在珊瑚礁附近，头部有一条黑色纵带贯通至眼睛，这种伪装色可以用于躲避天敌。

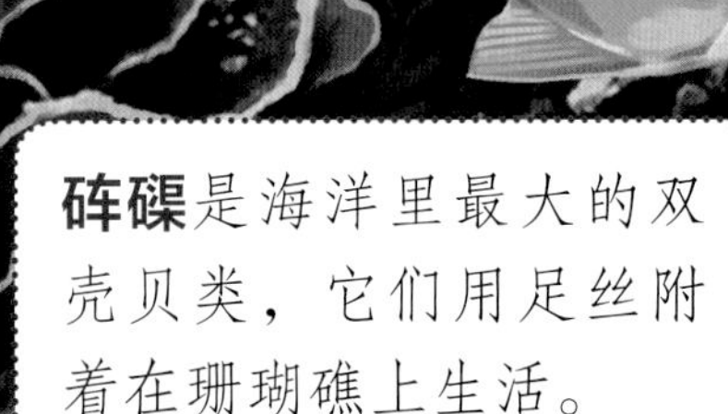

砗磲是海洋里最大的双壳贝类，它们用足丝附着在珊瑚礁上生活。

嗅觉灵敏的鲨鱼

鲨鱼的嗅觉异常灵敏，它的鼻腔中嗅觉神经末梢的面积极大，嗅觉灵敏度甚至超过了狗，尤其对血腥味。如果海里有鱼类或其他海洋动物受伤出血的话，很有可能把千里之外的鲨鱼引过来。据说，鲨鱼可以嗅出水中百万分之一浓度的血腥味。

适合海洋生物居住的近海

近海是最适合海洋生物生活的地方，在常年可以得到阳光的照射的温暖水域中，植物和动物茁壮生长。海面上，浮游生物制造养分，小鱼和小虾以浮游生物为食。小鱼和小虾被较大的鱼类吃掉，而后者又会成为大型海洋生物的食物。这就形成了一个食物链，每个动物群落都是这个食物链中重要的一环。

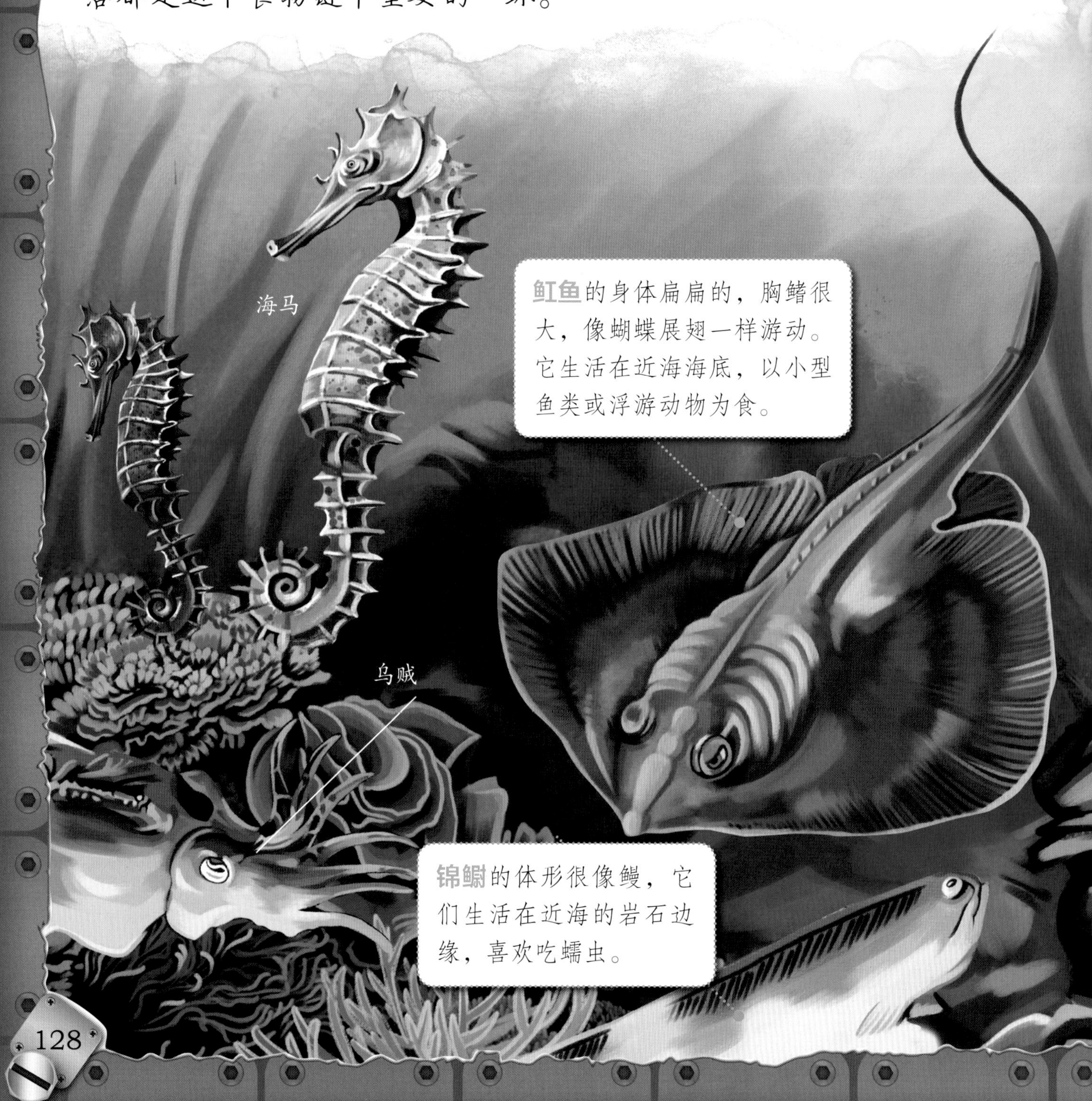

水母是一种非常漂亮的水生动物，喜欢漂浮在近海。它的身体主要由水构成，所以是透明的。有人说它们比恐龙出现得还早，已经在地球上存在了6.5亿年。别看水母的外形那么漂亮，但其实它是具有极强杀伤力的。如果你敢招惹它，它的触手就会释放出毒素，一旦被刺中，你将痛不欲生。

旋笔虫

蓑鲉又称狮子鱼，是生活在浅海底层的小型鱼类，栖息于近海的岩礁、珊瑚礁和海藻丛中。虽然它的形态十分美丽，但是当它遇到危险时，会侧身用背鳍的鳍棘向对方冲刺。鳍棘有毒腺，人被刺后会感到剧痛，严重者甚至会晕厥。

海参的全身都长满了肉刺，以海藻为食。

鳎鱼

笔螺生活在近海附近，通常是肉食性的。

竞争激烈的远海世界

远离海岸的大洋中，海水特别深，那里既不生长海草也没有浅水鱼类和软体动物。那片海域中仅有极微小的浮游生物，也就是藻类以及同样微小的浮游动物。但作为食物，这些都远远满足不了远海鱼类们的胃口，所以它们为了获取食物，生存竞争十分激烈。

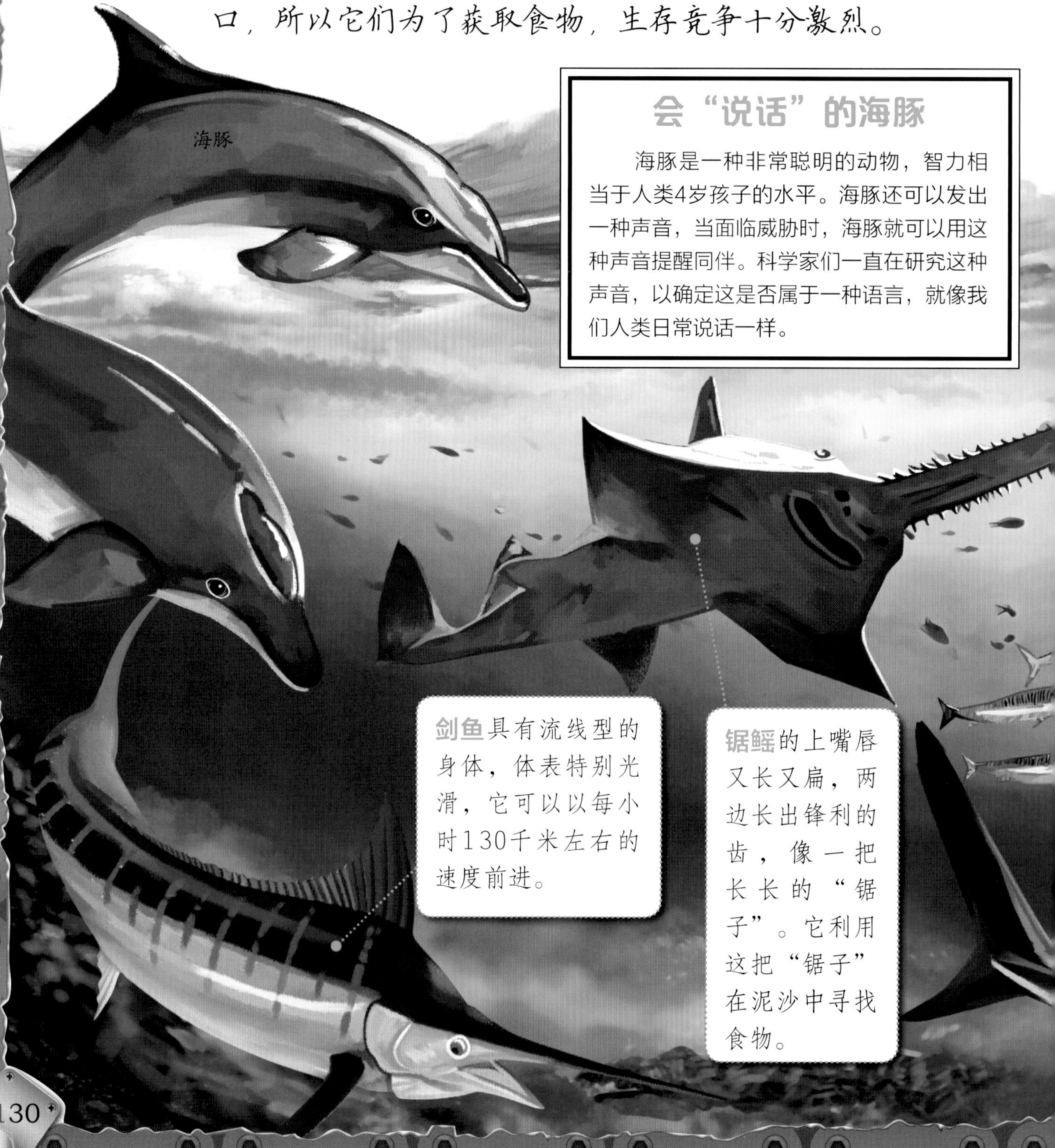

海豚

会"说话"的海豚

海豚是一种非常聪明的动物，智力相当于人类4岁孩子的水平。海豚还可以发出一种声音，当面临威胁时，海豚就可以用这种声音提醒同伴。科学家们一直在研究这种声音，以确定这是否属于一种语言，就像我们人类日常说话一样。

剑鱼具有流线型的身体，体表特别光滑，它可以以每小时130千米左右的速度前进。

锯鳐的上嘴唇又长又扁，两边长出锋利的齿，像一把长长的"锯子"。它利用这把"锯子"在泥沙中寻找食物。

飞鱼可以利用宽大的胸鳍在水面上滑翔，从而逃离鲨鱼等食肉鱼类的捕食。
旗鱼是海洋中游速最快的动物之一，它的背鳍像船帆一样伸展，可以起到震慑猎物的作用。在冲刺时，旗鱼会折叠它的背鳍，避免产生阻力，影响速度。
鲭鱼分布于西太平洋及大西洋的海岸附近，喜欢群体行动，它们的肉质非常鲜美，常常被用来做鱼肉罐头。
僧帽水母
双髻鲨
鲨鱼

神秘莫测的深海世界

深海是一片漆黑的世界，阳光无法照射到这片冰冷沉寂的水域。然而这里却生活着许多奇异的发光动物，在这里生活的很多鱼类、虾和乌贼都是发光生物体——它们身上长有发光器官，似乎在水中举行着盛大的灯光秀。如果再往深处下潜，达到1000米以下，这里水压非常高，许多鱼没有视觉，但它们会利用发光器官引诱猎物。

深海鱼的适应性

由于深海水压很大，深海鱼的身体经过常年的演化，完全能承受深海里极高的水压。深海鱼没有像浅海或者淡水鱼类那样大的鱼鳔，它们的鱼鳔体积非常小而且发生不同程度的退化；身体结构中提供重要支撑的肌肉和骨骼都十分柔软；深海鱼的皮肤变成非常薄的层膜，可以渗入水分，使鱼体内充满水分，这样保持了鱼身体内外的压力平衡。

深海虾

圆罩鱼是生活在深海的发光鱼类，一般栖息在300～1000米水域间，它的身体柔软，体侧有发光器官。

深海炉眼鱼的体形较小，会利用长长的腹鳍及尾鳍站立在海底，因其呈现三角形，俗称三角鱼。

后肛鱼的肛门后面有一个腺体，腺体中的发光细菌可以发出微弱的光。

大王乌贼是一种深海巨型鱿鱼。它是世界上最大的无脊椎动物之一。

宽咽鱼和囊咽鱼

体长约50厘米的宽咽鱼和体长约为180厘米的囊咽鱼，也是深海中很有特点的鱼类。它们都长有一张漏斗般的大嘴，除了大嘴以外，它们还长着锋利的牙齿和气球般能够膨胀的胃。这样就可以让它们吞下比自己还大的猎物。

灯笼鱼的大眼睛能够让他在黑暗的水域中看清物体。不同种类的灯笼鱼，身体侧面的发光器官排列也不一样。

鮟鱇鱼发出的光来自从前额伸出的背鳍，就像一个鱼竿，引诱猎物靠近并吃掉它们。

奇棘鱼长有锋利的牙齿，眼睛后部的发光器十分发达，下颌能向前伸出，以便吞吃比它还大的猎物。

海底深处的生物

在地壳板块形成的海底深处有一些裂缝，滚烫的“泉水”不断地从里面涌出。科学家们发现这些泉水来自被称作“热液喷口”的海底喷泉。许多奇特的生物生活在喷口附近，有毛茸茸的白蟹、长腿的海蜘蛛、体形巨大的蛤和蚌以及巨型管蠕虫。

管蠕虫：巨大的管蠕虫可以长到两米长，它的触手上长有血红色的毛状物，它不需要吃东西，仅靠体内的细菌转化喷口附近海水中的物质就能获取养分。

海蛇尾：海蛇尾有长长的腕，喜欢沿着海底爬行。

深海贻贝不需要摄食，它的鳃上生长着大量的共生硫细菌，可以为自己提供养料。

深海探险

1977年，科学家们在南美洲赤道附近的2500米水下，发现了一个热液喷口，他们用潜水器的机械手臂带回了一些管蠕虫和其他生物样品。这艘潜水器叫作“阿尔文号”，它可以搭载3名乘客，能下潜到4500米的深海里。

海底的**热液喷口**经常喷出灰色或黑色的水柱和烟雾，看上去就像一个黑**“烟囱”**。但实际上这些烟雾是地壳内部的液体，因为含有硫黄和其他化学物质，因而呈现出黑色烟雾状。

巨型白蛤的外形与我们平时所见的蛤蜊并没有多大区别，但它其实没有心脏、胃等器官，它的内部是细菌的聚集地，住满了不同种类的共生细菌。

柯氏绒铠虾：柯氏绒铠虾的眼睛已经退化，通体覆盖着白色细菌，这些细菌可以帮助它分解热液喷发出的有毒物质。